Bibliotherapy:
The Healing Power of
Reading

阅读是一间随身携带的咨询室

[英]
比贾尔·沙阿
(Bijal Shah)
著

安慰记心理
译

机械工业出版社
CHINA MACHINE PRESS

Bijal Shah. Bibliotherapy: The Healing Power of Reading.

Copyright © 2024 by Bijal Shah.

Simplified Chinese Translation Copyright © 2025 by China Machine Press Co., Ltd.

This edition arranged with PIATKUS BOOKS through Big Apple Agency, Inc., Labuan, Malaysia. This edition is authorized for sale in the Chinese mainland (excluding Hong Kong SAR, Macao SAR and Taiwan).

No part of this book may be reproduced or transmitted in any form or by any means, electronic or mechanical, including photocopying, recording or any information storage and retrieval system, without permission, in writing, from the publisher.

All rights reserved.

本书中文简体字版由 PIATKUS BOOKS 通过 Big Apple Agency, Inc., Labuan, Malaysia 授权机械工业出版社仅在中国大陆地区（不包括香港、澳门特别行政区及台湾地区）独家出版发行。未经出版者书面许可，不得以任何方式抄袭、复制或节录本书中的任何部分。

北京市版权局著作权合同登记 图字：01-2024-3584 号。

图书在版编目（CIP）数据

阅读是一间随身携带的咨询室 /（英）比贾尔·沙阿 (Bijal Shah) 著；安慰记心理译 . -- 北京：机械工业出版社，2025.7. -- ISBN 978-7-111-78766-2

Ⅰ . R749.055

中国国家版本馆 CIP 数据核字第 2025T4329U 号

机械工业出版社（北京市百万庄大街 22 号　邮政编码 100037）

策划编辑：欧阳智	责任编辑：欧阳智
责任校对：颜梦璐　王小童　景　飞	责任印制：单爱军

北京瑞禾彩色印刷有限公司印刷

2025 年 9 月第 1 版第 1 次印刷

130mm×185mm・11.25 印张・2 插页・214 千字

标准书号：ISBN 978-7-111-78766-2

定价：69.00 元

电话服务	网络服务
客服电话：010-88361066	机　工　官　网：www.cmpbook.com
010-88379833	机　工　官　博：weibo.com/cmp1952
010-68326294	金　书　网：www.golden-book.com
封底无防伪标均为盗版	机工教育服务网：www.cmpedu.com

本书诚挚献给
Amit、Arianna和
Roshan
以及献给全球读者
愿这本书开启理解
和疗愈的新大门

作者按语

如果你像我一样,曾经把文学当作一种安慰、疗愈、支持、理解,甚至是转变的来源,那么这本书很适合你。

基于和来访者之间的保密协议,本书中的每一个故事都做了虚构处理,但每一个故事也都来自我在阅读治疗实践中的真实故事和治疗笔记。这意味着,本书中的任何一个来访者都不是某一个真实的人,而是由不同的案例历史组合而成的结果。这对于保护来访者的隐私来说是一个必要的处理,与此同时,这样的处理也能够帮助我清晰地表达治疗观点和心理层面的真相。

前言

我们将书籍用于很多途径,比如教育、娱乐或逃避现实等,其中更让我们好奇的用途,是将书籍作为一种治疗媒介和一种社交联结的形式。文学通过沉默的文字成为我们熟悉的朋友,当我们和书中虚拟的角色建立联结的时候,我们会发现这样的友谊似乎比真实生活中的关系还要完美。这样的体验有一部分是得益于,我们可以毫无顾忌地进入书中角色的意识和情绪中,所以相比于和生活中的家人或朋友建立的亲密感,我们从书中角色那里体验到的亲密感是更直接和更强烈的。这种在读者和角色之间发展的关系有点儿像名人效应㊀——对一个备受欢迎的明星的熟悉感,让我们感觉好像我们真的在现实生活中认识他。这个了不起的洞察来自简·奥斯丁(Jane Austen)《劝导》

㊀ 这里的"名人效应"可能更贴近"拟社会关系"(parasocial relationships),和大众认知里的"名人效应"(比如专家身份带来的权威性)有所不同。——译者注

(*Persuasion*)中的安妮·埃利奥特(Anne Elliot):

> "这最后的几小时无疑是痛苦的,"安妮回答,"但是当痛苦过去时,这段回忆常常会变成一种乐趣。除非一个地方完全充满痛苦,毫无快乐可言,否则人不会因为在其中受苦而减少对它的爱。"

这些文字让我们产生共鸣。过去经历的痛苦常常只是我们生活中的一个不起眼的注脚,它的意义会褪去,影响力会减弱。奥斯丁的观察很聪明,以至于作为读者的我们,能够在她的文字中辨认出我们自己的经历,并找到自我认同。但从另一方面来看,就算我们从未经历过这样的痛苦和磨难,阅读也可以启发我们去探索这些感受。通过感受安妮的痛苦和喜悦,我们好像和她变得亲密起来。通过阅读其他人痛苦的经历,也能够让我们获得对于人类极端行为的更深层次的理解,比如我们在安妮·弗兰克(Anne Frank)的《安妮日记》(*The Diary of a Young Girl*)和玛格丽特·阿特伍德(Margaret Atwood)的《使女的故事》(*The Handmaid's Tale*)中,会看到我们人类可以有多残酷。这些书让我们通过充满共情的阅读来理解他人的经历,这样我们就有机会开始看到他们的痛苦、他们的困难,还有他们的经历。这样一来,我们就能够通过他们给我们带来的痛苦情绪,来和他们产生联结,进而产生自我探索和审视,甚至可能是宣泄。

作为一个阅读治疗师，我观察到阅读可以给我们提供一定层次的亲密感和联结感，还有一种被理解的感受，这种感受有着难以置信的疗愈性。书籍可以让我们有机会和那些在生活中可能完全没有交集的人产生联结，这种经历能够扩大我们共情能力的范围，还能够安全地让我们融入一个虚拟的现实中，去体验那些在我们所处的真实生活中都未必可以体验到的"真实"。

文学的疗愈价值已经闻名几个世纪了，但是"bibliotherapy"（阅读治疗）这个名词第一次被使用是在1916年，一位名为塞缪尔·麦科德·克罗瑟斯（Samuel McChord Crothers）的美国评论家创造出了这个词，他相信阅读小说可以提供一种人们负担得起的和更方便的治疗形式，对于一些病人来说，阅读小说甚至可以完全替代在20世纪初时具有开创性形式的精神分析治疗。被认为是精神分析之父的弗洛伊德（Freud）本人，对于阅读治疗的形式也是不陌生的，他认为文学在治疗中是一个非常有效的工具，它能够辅助来访者去探索他们自己都没有意识到的欲望和动机。弗洛伊德在他的论文《创造性作家与白日梦》（"Creative writers and day-dreaming"）[1]中指出，作家和治疗师有着相似之处，他们都能指引和帮助我们处理我们的情绪，最终实现更宽阔的自我觉察和洞见：

> 文学作家创造了一个他认真对待的幻想的世界，

> 在这个世界中,尽管作家和真实世界是分离的,但作家投入了大量的真实情感……在我看来,创造性作家给予我们的所有审美愉悦都具有这种前期快乐(fore-pleasure)的特质,我们对一个想象作品的真实享受来自我们心中紧张情绪的释放……这种效果是由于作家能够让我们毫无自责或羞愧地享受我们自己的白日梦。

在学习心理动力学咨询时,我偶然发现了阅读疗法,那是一个深受启发的时刻。文学很快在我所有的治疗过程中占据了中心地位,这最终为我现在的阅读疗法实践和文学疗愈咨询铺平了道路。我注意到那些参与了治疗性阅读的来访者,无论是他们的个人生活还是职业生涯,都发生了显著的变化。因此,将他们通过文学获得疗愈的故事分享在我的书中,似乎再合适不过了。我想向读者介绍阅读治疗的过程,以及开具能够带来意义、联结和疗愈的书籍处方的艺术。

通过我作为阅读治疗的接受者和阅读治疗师本人两方面的亲身经历,我将呈现阅读治疗作为一种治疗形式的发展历程。至于这个过程,我会通过探讨各种历史人物在几个世纪以来如何逐步发展治疗性阅读的概念来实现,这些人物包括古希腊人、米歇尔·德·蒙田(Michel de Montaigne)、威廉·华兹华斯(William Wordsworth)、乔治·艾略特(George Eliot)、弗洛伊德、两次世界大战中的医院图书馆员以及近年来的学者们。

这段重要的历史让我们有机会理解阅读治疗的发展和它的基本原则。我们将会一起探索我通过文学获得疗愈的旅程——先是在东非肯尼亚的一个社区中长大,然后开始通过阅读寻求安慰,最后在接受咨询师培训时发现阅读治疗并把它发展成我自己的阅读治疗实践。我们还会一起关注我的来访者们,分享他们通过文学获得疗愈的故事,从而给各处的读者们带来希望、信念和灵感。这些故事覆盖了丧失、悲伤、抑郁、母性、身份认同、种族、性别、神经多样性和关系挑战等主题,探讨了阅读治疗如何作为一种应对艰难和复杂境遇的工具来使用。

我们和文学一直保持着最亲密的关系,因为书籍具有独特的能力,能够映照出我们最深处的需求和愿望。我们感受到被看见、被听到和被抱持。让我们利用这种独特的能力,通过阅读治疗的实践来引导、启迪并最终改变我们。

如何使用这本书

这本书被分成三个部分,分别是"第一部分:阅读治疗介绍""第二部分:阅读治疗旅程"和"第三部分:文学疗愈的艺术"。

在第一部分中,我将带大家一起理解阅读治疗,包括它的定义、它如何在千年间发展,以及我如何开始实践它。

在第二部分中,我探索了我和书籍的关系,以及这样的关系如何塑造了今天的我。我还分享了来自治疗室的故事,每一章都会讲述不同的来访者,并说明了阅读治疗如何被应用在一系列焦虑和心理困扰的解决中。在每一章的结尾,你都将找到一份量身定制的书籍处方,其中还包括使用的相关阅读治疗和辅助治疗技术。除此之外,还有帮助你在家就可以练习这些技术的方式。

在第三部分中,我将会分享如何创建你自己的疗愈阅读清单,并会提供一个按主题分类的书籍处方,这个处方可以作为你整理自己清单的参考点。处方中的书涵盖了各种体裁的小说、非虚构作品和诗歌。

目录

作者按语
前 言
如何使用这本书

第一部分 • 阅读治疗介绍 /1

第 1 章 新疗法的发现 /2
第 2 章 阅读治疗:它是什么,如何以及为什么生效 /30

第二部分 • 阅读治疗旅程 /45

第 3 章 一场阅读治疗师的疗愈之旅 /46

Bibliotherapy

第 4 章　塔蒂亚娜　/93

塔蒂亚娜在被诊断出喉癌后,希望能够处理失落和抑郁的情绪。作为一个喜欢读回忆录的读者,她希望能够阅读其他癌症患者的经历。

第 5 章　泰莎　/113

泰莎曾是一名律师,如今身为母亲,她渴望重新找回自我,不再局限于母亲和妻子的身份标签。她感到自己的生活仿佛陷入了一种停滞,内心渴望重新找到生活的意义和目标。她有一些焦虑。她钟爱回忆录、人物传记以及俄罗斯的经典文学作品。

第 6 章　安妮特和大卫　/130

为了能够专注在重新成为伴侣上,安妮特和大卫正通过文学重新建立联结和寻找浪漫。

第7章 萨凡纳 /148

　　萨凡纳正在寻找能够令她产生共鸣并且能够代表她境遇的角色。她希望在奇幻小说或青少年小说中看到和她性取向相似的角色。

第8章 莎妮斯 /168

　　莎妮斯正在寻找能够代表其境遇的角色。她希望在阅读小说中看到黑人主角。

第9章 瑞娜、戴薇、黛博拉和艾米 /182

　　一个由亚洲母亲组成的团体,她们的孩子在年幼时离世,或她们自己曾经历流产的痛苦。

第10章 里奥 /203

　　里奥今年八岁,由于患有阅读障碍,他在阅读方面非常吃力。

第三部分 • 文学疗愈的艺术 /223

第 11 章　选择一本书　/224
第 12 章　书籍处方大全　/236

致　谢　/337
注　释　/339

第一部分

阅读治疗介绍

Bibliotherapy

> 如果想要头脑和身体都保持健康，你必须首先从照料灵魂开始。而这种照料，年轻的朋友，一定要用到一些咒语才能发挥效果，这些咒语都是美好的文字。
>
> 柏拉图（Plato）
> 《卡尔米德篇》（*Charmides*）

第1章
新疗法的发现

8月是我出生的月份，也是我儿子和我祖父的。我并非迷信之人，但这个月份对我而言始终充满了魔力。在这个月份里，我见证了无数新奇而激动人心的巧合，感受到意想不到的关系联结，以及我生命中最纯粹的幸福瞬间。我将8月视作神明赐予的礼物，而2007年的8月也不例外。我清晰地记得在那时我有了一个顿悟，为这本书的诞生埋下了种子。

很少有如此令人激动的顿悟时刻，使得其他一切都相形见绌，但正是这些时刻给生活带来无尽的惊喜和奇迹。

正如小说家弗吉尼亚·伍尔夫（Virginia Woolf）在1917年的评论中写道："那些让思想家捕捉到深刻甚至具有威胁意义的灵感的时刻，往往自发地将事物以难以言喻的意义结合在一起，从日常中显现出来。"

在我受训成为咨询师时，其中一个要求是我自己也需要接受心理治疗。第一次敞开心扉地谈论童年创伤的咨询过程至今令我记忆犹新。那是一个夏日，在那间温馨而充满花香的治疗室里，我舒服地靠在窗边的蓝色扶手椅上，阳光轻轻抚过我的皮肤，让我感到温暖而舒心。就在这样轻松的氛围中，我不禁讲起了小时候的困境，以及那份恐惧如何始终纠缠着我。仅是回忆起那段记忆，我就会经历类似创伤后应激障碍的症状：闪回、恐慌、过度反应和那种无法逃脱的绝望感。儿时的我更无力面对这湮没式的情绪，而书籍就成了我的避风港。在事情更加棘手和不堪时，阅读让我暂时忘却痛苦，成了我逃避现实的方式。

那天在去见治疗师之前，我读了柳原汉雅（Hanya Yanagihara）的《渺小一生》（*A Little Life*）。这是一本关于爱情和友谊的小说，更是深入探讨了童年创伤对人生的深远影响。主人公裘德（Jude）在很小的时候就遭受了虐待，这种创伤在他成年后的每一步都如影随形。裘德的故事之所以引起我的共鸣，并不是因为他经历的事情与我相似（与裘德不同，我自己的恐怖经历仅发生过一次），而是因为我们都带着童年时的恐惧和痛苦生活。一次又一次，我发现自己总在当下重新经历过去。一旦遇到隐约有威胁的情况时，我会突然回到四岁的状态，再次体验被困住、无助和恐惧的感受。那一刻的创伤会持续多年，对我的身心产生影响。我变得非常渴望讨好他人，极力避免冲突，甚至于想到冲突就会感到不舒服。为了维持和谐，我更愿意妥协，表现得"好脾气"，而我的想法和需求则变得无关紧要。

我将那段记忆深藏在心底，从未向他人提及，直到它在《渺小一生》的字里行间里重新浮现在我的眼前：

> 他是个乐观主义者。每个月，每周，他都选择睁开眼睛，为了在这个世界上多活一天。他在极度的痛苦中依然坚持，有时那种痛苦会让他置身于另一个世界，在那里的一切，包括他竭尽全力想要忘却的事情都如同被灰色的水彩涂抹过一般，变得模糊不清。他坚持地活着，即使记忆占据了他思绪的全部空间，他依然努力集中注意力，用力地让自己不与现实脱离，避免自己因绝望和羞耻而失控。他太累了，有时甚至到了放弃的边缘，但他仍挣扎着再活一天。醒着、活着的每分每秒都在消耗着他，以至于他只能躺在床上，思考着为何还要站起来，为何还要再试一次。

此刻，那段记忆静静地萦绕在书页间，仿佛缥缈的云雾，让我无所适从。我心中涌动着对裘德切的同情，这份情感仿佛一股暖流，不经意间也温暖了我自己的心房，带来了一种前所未有的共鸣与自我发现。这是第一次，我用全新的视角来看待自己。我把这一切都记录在日记里，带给了我的心理医生。

"这是创伤后应激障碍（post-traumatic stress disorder），简称PTSD。"她解释道，"这里有些未解决的创伤。这本书勾起你对童年创伤的回忆，这很正常。艺术，包括这次你体会到的文学作品，有着一种能够唤醒那些深埋着的记忆的特殊能力。一本书就像一个安全的空间，让你能够保持一定距离地进行自我审视。通过阅读他人的故事来更深刻地认识自己。毕竟,我们所感知的一切,都不可避免地受到我们自身经验的影响。"

她停了下来,期待我的回应。

我沉默不语,心中渴望知道更多,学习更多。

她继续说道:"那你听说过埃皮泽卢斯(Epizelus)的案例吗?"

"没有,"我好奇地回答,"我愿意听听。"

她继续讲道,埃皮泽卢斯是一名在马拉松战役中勇敢战斗的雅典士兵。奇怪的是,他并未在战场上受过任何伤,却突然之间失明了。埃皮泽卢斯再也没有恢复视力,当被问及他是如何失明时,他回忆起了一个令人毛骨悚然的场景:在战场上,一位身形巨大、胡须浓密到足以遮住整个盾牌的战士出现在他对面。这位巨人般的战士仿佛幽灵一般,从他身边掠过,却杀死了他身旁的人。[2] 他深信自己见证了幻影穿过自己的身体,而这导致了他的失明。

无论是当代小说还是古希腊士兵的故事,我总能感同身受地体会到主人公因创伤后应激障碍所经历的痛苦。或许情况恰恰相反,是那些主人公在与我共情,他们看见了我个人的经历,将其视为一个值得深入探讨并寻求解决之道的故事。这是文学作品的众多超能力之一:能够共情,也能被共情。心理学家斯蒂芬·平克(Steven Pinker)在其畅销书《人性中的善良天使》(*The Better Angels of Our Nature*)中指出,启蒙运动时期的社会整体展现出了更强的共情能力,而这一现象与小说的繁荣,特别是以塞缪尔·理查森(Samuel Richardson)的《克拉丽莎》(*Clarissa*)和《帕梅拉》(*Pamela*)为代表的英国书信体小说,有着紧密的联系。书信体小说巧妙地运用了一系列信件、日记片段及角色间的其他书面交流形式,不仅展现了故事的多重视角,还体现了现实主义精神,同时拉近了和读者的亲近感。这种叙述手法赋予了我们独一无二的视角,使我们能够窥见角色心中最隐秘的思绪与情感。我们或许会在情感上与主角或叙述者产生更深的共鸣,从而更全面地理解他们的动机、恐惧与渴望。对话风格让人感觉更加真实和贴近现实,而多重视角则让我们能够从不同的角度看待故事或事件,从而更全面地理解整体叙事和角色之间的人际关系。这不仅加深了我们对故事的情感共鸣,也能够感同身受地体验他们的喜怒哀乐,更加深入地沉浸在他们的经历中。

在思考这个观点时,我脑海中浮现出了两本小说,它们并非书信体,但也深深地触动了我。第一本是我少年时期读过的乔治·艾略特的《弗洛斯河上的磨坊》(*The Mill on the Floss*),我与书中的女主角玛吉(Maggie)产生了强烈的共鸣,她一直在努力地向严苛的兄长寻求认可。随后,我还联想到了列夫·托尔斯泰(Leo Tolstoy)笔下《安娜·卡列尼娜》(*Anna Karenina*)中的康斯坦丁·列文(Konstantin Levin),他总是反复思索着生命的意义所在。在阅读了这些主人公既悲剧又极具人性光辉的故事后,我感到前所未有的平静与慰藉。仿佛通过共鸣他们的经历，我能够理解和疗愈自己的创伤，从而卸下心头的重担，开启恢复之路。这种体验让我感到无比轻松和自由。

细细品味着这两本小说，我意识到文学作品为我提供了一个宣泄的渠道，让我能够直面那些在现实中一直回避的晦暗、复杂的情感。难道是因为在阅读时我感觉到了掌控感吗？我可以自由决定何时放下书本，或许恰恰是这样的自主性给了我一种安全感。我越想越觉得阅读的过程和治疗室中的一些要素非常相似：与某人建立起信任关系，让你敢于袒露心声，探索内心最深处的思绪与情感；而当一切显得过于沉重时，你又拥有抽身而退的自由。这时，一个念头在我心中油然而生：文学作品的文本与读者之间，是否正是一种治疗性的关系呢？

随着我不断地思考，我迫切想要了解文学作为一种治疗媒介的更多信息，所以我一结束咨询回到家，就在网上搜索了"文学作为疗法"这一关键词。众多搜索结果中，我在黛比·麦卡利斯（Debbie McCulliss）于《诗歌疗法期刊》（*Journal of Poetry Therapy*）上发表的《阅读疗法：历史与研究视角》（"Bibliotherapy: Historical and research perspectives"）一文中，发现了一条相关定义[3]。我迅速点击进去，准备一探究竟。

"bibliotherapy"（阅读疗法）一词源自希腊语 "biblion"（书籍）和 "therapeia"（疗愈）的结合，该词

由一位牧师、散文家塞缪尔·麦科德·克罗瑟斯于1916年首次提出。起初,它专指心理咨询过程中,帮助心理疾病患者康复的阅读材料。而阅读疗法的正式定义最早出现在1941年《多兰氏医学图解词典》(*Dorland's Illustrated Medical Dictionary*)的第11版中。到了1961年,美国图书馆协会(American Library Association,ALA)采纳了《韦氏新国际英语词典》(第三版)(*Webster's Third New International Dictionary*)中的定义,即"在医学和精神病学领域,将特定的阅读材料作为治疗的辅助手段;同时,也通过有指导的阅读来帮助人们解决个人困扰"。

我非常好奇,沉迷进了无休止的网络搜索之旅。治疗性的文学作品常被看作一种支持性或辅助性的心理治疗手段,对于我这个书虫来说,这简直是个天大的好消息。我渴望进一步深入,探索那个能让文学世界的丰富情感完全占据我内心的奇妙之地。阅读对我来说一直是一种宣泄情绪的方式,但现在我给它找到了一个确切的词,那就是"阅读疗法",这个词从我嘴里说出来真是令人愉悦。在随后的数天中,我埋头于论文和文章之中,探索了那些对"文学作为一种治疗媒介"这一假说进行检验的研究,并追溯了这一实践的悠久历史。我知道自己找到了意义非凡的东西,我突然迫不及待地想与那些也能从中受益并因阅读的疗愈力量而成长的人分享这一发现。

阅读疗法简史

本节详细阐述了阅读疗法的发展历程,并依照时间脉络,回顾了阅读治疗领域的先驱者们从早期到现代的重要贡献。

我概述的某些观点和历史脉络受到了凯尔达·格林(Kelda Green)博士研究的启发。格林博士在利物浦大学阅读、文学与社会研究中心攻读博士学位期间,其研究重点是对治疗性阅读的重新审视[4],我曾在 2020 年为了撰写一篇文章而对她进行了采访。在下文中,我综合了她的一些观点,并加入了我自己的资料和支持性研究成果。

古希腊人

书籍疗法或阅读疗法最早可追溯到古希腊人,他们建造的图书馆与今天的图书馆并无二致,对语言、政治、教育、哲学、科学、文学和艺术的影响至今犹存,这也印证了他们对学习的热忱与执着。确切地说,古希腊人在诗歌、戏剧和小说㊀等多种文学体裁的发展中起到了开创性

㊀ 根据 B.P. 里尔登(B. P. Reardon)的《古希腊小说集》(*Collected Ancient Greek Novels*),最早的小说可以追溯到公元前 1 世纪至公元 2 世纪的古希腊和拉丁文学中,其中包括查里顿(Chariton)的《卡利罗厄》(*Callirhoe*)、赫利奥多罗斯(Heliodoru)的《埃塞俄比亚故事》(*An Ethiopian Story*)以及卢奇安(Lucian)的《真实故事》(*A True Story*)。

的作用，这些体裁共同奠定了治疗性文学的基础。比如，伟大的哲学家亚里士多德（Aristotle）曾提出，悲剧是一种艺术的表现形式，它利用情节、人物和语言来唤起观众的情感，最终实现情感的宣泄⊖。他还特别强调了自我反省和自我认知的重要性，[5] 这两者正是治疗性阅读所强调的关键要素。治疗性阅读要求我们观察自己的思想和情感，通过自我反省和处理这些情感，达到理解和疗愈的效果。

塞内加（Seneca）和斯多葛学派（Stoics）在亚里士多德之后的一个世纪里崭露头角。斯多葛学派是古希腊和罗马时期的一个哲学学派，起源于公元前 3 世纪早期，它逐渐演变成一种方法，来应对生活不确定性和无法避免的不幸与苦难。我们对斯多葛学派的理解与认识，主要源自三位巨匠的著作：塞内加、爱比克泰德（Epictetus）和马可·奥勒留（Marcus Aurelius）。

斯多葛学派认为，践行美德、掌控自我能控之事、顺应无法改变之现实，是至关重要的。斯多葛主义建立在逻辑、理性和伦理三大基石之上。无论身处何种困境，通过自我控制、正直以及强大的意志力，我们能够以清晰和无偏见的视角进行思考，以便从愤怒、嫉妒和羡慕等负面情

⊖ 参见亚里士多德《诗学》（*Poetics*）的第 6 章 [S.H. 布彻（S. H. Butcher）译]："因此，悲剧是对一个严肃、完整且具有一定规模的行动的模仿；其语言经过各种艺术手法的修饰，这些手法在剧中不同的部分得以展现；悲剧以行动而非叙述的形式呈现，通过引发观众的怜悯与恐惧之情，从而达到宣泄这些情感的效果。"

绪中获得自由。我们对思想的评价和看法，触发了这些消极情感，进而导致了痛苦（苦难）。正如爱比克泰德所言："使人困扰的并非事物本身，而是我们对待事物的看法。"

这一方法在现代谈话疗法中得到了应用，特别是构成了认知行为疗法（CBT）的基础。

CBT 是一种由心理学家阿尔伯特·艾利斯（Albert Ellis）和精神科医生亚伦·T. 贝克（Aaron T.Beck）开创的谈话疗法，它研究我们的思想如何影响我们的情绪和身体感觉。贝克和艾利斯曾提及他们如何利用斯多葛学派发展出情绪 ABC 模型，该模型构成了 CBT 的基础，正如作家朱尔斯·埃文斯（Jules Evans）在他的书《生活的哲学》（*Philosophy for Life*）中所描述的那样："我们经历一个事件（A），并对其进行解释（B），然后根据我们的解释产生相应的情绪反应（C）。艾利斯遵循斯多葛学派的观点，提出我们可以通过改变对事件的想法或观点来改变我们的情绪。"

斯多葛主义深深影响了西方思想和文学，其学说为人们带来了极大的慰藉、疗愈和深刻的见解。

米歇尔·德·蒙田

16 世纪的法国作家、哲学家米歇尔·德·蒙田，也是治疗性文学的历史上不可忽视的重要人物。蒙田因其在随笔中展现出的对生活真相的敏锐洞察力和独到见解而广为人知。他通过对自己生活的深入剖析，以及对生命本质的深刻探索，引导读者反观他们自己的境遇，并重新审视他们自己的观点。[6] 他创作了107篇随笔，内容广泛涉及人类境遇的各个方面，从应对失去至爱的哀伤到接纳人性的不完美，还细腻地描绘了日常生活中的琐碎烦恼，如怎样避免与所爱之人的无谓争吵，如何使他人振奋起来，以及如何在社交场合中优雅地退场。蒙田的写作风格独具一格，比起传统的随笔更加贴近人心㊀且富有对话性，这种风格后来被命名为"个人随笔"，他也被视为这一文体㊁的开创者之一。对蒙田而言，个人随笔是他自我审视的媒介，他通过写作这一工具来处理复杂的问题并获得理解。

如今，回忆录和个人随笔集成了这一过程的实践典范，它们成了一个允许自我探索和观察的入口。诸如此类的作品为我们提供了关于自我认知的丰富信息库，涵盖了诸如"我们是谁""我们应该怎样""如何生活"以及"什么对我们而言具有意义"等深刻问题。在这里，我们发现

㊀ 菲利普·洛帕特（Phillip Lopate）在他的著作《个人随笔的艺术》（*The Art of the Personal Essay*）中写道："个人随笔的标志在于其亲密性。作者似乎在直接对你耳语，从闲聊家常到生活智慧，无所不谈。"

㊁ 详见约翰·阿加塔（John D'Agata）的《随笔的起源》（*The Origins of the Essay*）（灰狼出版社，2009年）以及威廉·M.哈姆林（William M. Hamlin）的《蒙田的英国之旅：在莎士比亚时代阅读随笔》（*Montaigne's English Journey: Reading the Essays in Shakespeare's Day*）（牛津大学出版社，2014年）。

了生命的多重视角和诸多奥秘。回忆录作者或叙述者通常会从一个与自我紧密相关，常常伴随着冲突或苦难的个人议题或危机开始。随着他们深入剖析自己的情感和思想，我们最终会走向宣泄、启发和转化的过程。

蒙田以开放、坦诚和真实的态度深入探索了跨越时空的普适主题，这种风格使得他的作品至今仍能与读者产生共鸣，延续着他写作中那疗愈人心的神奇力量。

华兹华斯

被誉为"疗愈诗人"的华兹华斯，也从斯多葛哲学中找到了安慰，他既吸收了斯多葛的智慧[一]，又进行了如蒙田般的自我探索。

华兹华斯的诗歌赋予了痛苦与失去以生命，将它们转化为有价值、有意义的存在。那是一种静谧的韧性，让我们在痛苦之中仍能看到希望，并引导我们认识到痛苦与美之间不可分割的联系。他的诗歌让我想起了日本的侘寂哲学，崇尚万物转瞬即逝与不完美中的美。破碎亦美，失与痛皆有其价值所在。在相似的理念下，华兹华斯的诗歌为我们带来了希望和疗愈，引领我们走向成长与生命的活力，这在斯多葛主义中往往难以见到。他的作品是18

[一] 简·沃辛顿（Jane Worthington）的著作《华兹华斯对罗马散文的解读》（*Wordsworth's Reading of Roman Prose*）探讨了斯多葛主义对华兹华斯及其诗歌的影响。

世纪末至19世纪初浪漫主义文化运动中不可或缺的一部分。法国大革命的浪潮激发了这一时期的社会巨变,个体与情感逐渐取代了理性并成为主流。这种趋势在当时的诗歌中得到了充分体现,大多数诗歌都聚焦于个人的思考和感受。

乔治·艾略特

乔治·艾略特的小说因其在心理层面的深刻和复杂性而广受赞誉,同时她对心理现实主义这一文学流派发展所作的贡献也极为显著。她以早期心理学的科学观念填补了宗教曾占据的领地,这一点在她的小说如何给予读者慰藉、希望,以及提供一个反思和共鸣的空间上得到了充分体现。她向读者提供了一种表达方式,让读者能够用语言来阐述人生复杂多变、苦乐交织的情绪体验,从而使读者更加理解和接受"冲突与矛盾是日常生活中不可避免的现实"。

艾略特的小说《丹尼尔·德隆达》(*Daniel Deronda*)在弗洛伊德发表其早期的精神分析理论之前便已问世,它几乎可以说是弗洛伊德关于人际关系具有疗愈力量这一思想的先驱。[7]我们在弗洛伊德的理论中看到的一些治疗关系的元素似乎也能在艾略特的著作中追寻到踪迹:提供耐心的倾听、避免评判和道德指责、为相互矛盾的观点提供共存的空间、展现同理心、认可无意识的作用,以及重视移情的意义。

在《丹尼尔·德隆达》中,艾略特同样通过描绘角色的童年经历来揭示驱动他们行为的内在冲突。她指出,丹尼尔的身份认同问题源于他早年时期被母亲遗弃的痛苦,而格温多琳(Gwendolen)对男性的矛盾态度则源于她童年时期父亲的离世。尽管这些深刻的见解都出现在弗洛伊德之前,但它们似乎与精神分析理论的核心相契合,即我们童年时期的关系会塑造我们未来的所有关系,而我们往往会被吸引到与我们童年经历相似的关系中去。

弗洛伊德对艾略特作品的赞赏体现在他的赠礼之中:他总是将艾略特的小说作为礼物送给朋友和家人。此外,在《梦的解析》(*The Interpretation of Dreams*)一书中,他还特别提到了艾略特的《亚当·比德》(*Adam Bede*)。[8] 艾略特的文字揭示了感受和情绪是如何以微妙的方式流露出来的,同时凸显了她对非言语表达的敏锐洞察力。在描写人与人的关系上,她堪称大师,尤其是那些具有治疗意义的关系。她深刻理解到,我们并非完美无缺或一无是处,而是脆弱、存在缺陷且充满矛盾的生命体。

弗洛伊德

古希腊的悲剧作品也对弗洛伊德产生了深远的影响,他在构建精神分析理论时,汲取了众多斯多葛学派的文献与思想。㊀尤其是，他对索福克勒斯（Sophocles）、欧里庇得斯（Euripides）等希腊悲剧大师的作品，以及柏拉图、亚里士多德等哲学家的著作抱有浓厚兴趣。在弗洛伊德的著作《梦的解析》[9]和《精神分析导论》[10]（*Introductory Lectures on Psychoanalysis*）中，他提出的俄狄浦斯情结（Oedipus complex）这一概念，对精神分析领域具有至关重要的贡献，这一概念以索福克勒斯的戏剧《俄狄浦斯王》（*Oedipus Rex*）中的角色俄狄浦斯王命名。弗洛伊德认为这部戏剧深刻剖析了人类心理和无意识状态，他以此为基础，构建了关于无意识欲望和冲动如何塑造人类行为的理论体系。

除俄狄浦斯情结外，弗洛伊德对梦境重要性的认识以及无意识心理如何塑造人类行为的理论，也是从众多古希腊文学中汲取的灵感。他认为希腊文化和哲学是洞察人类心理的丰富资源，并认为这些见解可以推动发展出更有效的心理治疗方法。例如，弗洛伊德首次引入希腊神话中俄狄浦斯的神话来解释俄狄浦斯情结这一概念，将其视作孩子对父母既渴望又敌视的情感冲突的象征性表现。他在1899年出版的开创性著作《梦的解析》中首次阐述了这个观点。

在《创造性作家和白日梦》[11]一文中，弗洛伊德将

㊀ 菲利普·里德（Philip Reid）在《弗洛伊德：道德思想家的内心世界》（*Freud: The Mind of the Moralist*）一书中，着重探讨了精神分析与斯多葛学派心理学理论之间的关联。

作家描述为能够让我们毫不羞愧或自责地享受自己的幻想（白日梦）的人，这表明阅读提供了一个安全的空间来释放压抑的紧张感而不必担心不愉快的后果，从而让我们能够探索自己内心深处的想法、欲望和冲突。与蒙田撰写个人随笔的方法相似，弗洛伊德也强调开放和诚实的自我审视。作家亚当·菲利普斯（Adam Phillips）在《企鹅弗洛伊德文集》中（*The Penguin Freud Reader*）指出，弗洛伊德的文字"带有一种感染力"，他注意到，"对于一些人来说，阅读弗洛伊德的作品是一种（至今仍然是）类似于找到归属感的经历……弗洛伊德的句子对人们产生了深远影响"。

19世纪早期

早在19世纪初期，在大西洋彼岸的医生兼作家本杰明·拉什（Benjamin Rush）与约翰·高尔特（John Galt）在他们的日程工作中，率先将"阅读疗法"融入了"道德疗法"的实践中，这种疗法不仅仅局限于阅读，还包括了园艺、木工、缝纫等多种活动。[12] 在道德疗愈运动的背景下，阅读疗法逐渐流行起来，[13] 拉什和高尔特也开始将阅读视作一种治疗手段。

高尔特写道："对于不少病人来说，阅读在他们原本可能陷入无聊和乏味的时光里，成了一种带来愉悦的方式。"[14] 他还着重指出了图书馆的重要性，并提倡在当时正建立的许多庇护所中都设立图书馆。[15]

20世纪早期

在欧洲的心理健康机构中,图书馆占据了重要位置,为阅读疗法的实践提供了必要的支持。20世纪初,阅读疗法在英国及大西洋彼岸逐渐流行开来,各大医院随处可见阅读治疗的书籍资源,并开始探索阅读疗法的应用。

如果图书馆运动有一个代言人,那一定是伊迪丝·凯瑟琳·琼斯(Edith Kathleen Jones)。她在1913年所著的《医院图书馆的一千本书》(*A Thousand Books for the Hospital Library*)中写道:

> 这份指南旨在帮助选择对身心有益且易于阅读的文学作品,为身体或精神上有疾病的人提供阅读建议。尽管其编纂时主要考虑了后一类病人的需求,但看起来它同样适用于前者,或者适用于任何希望拥有积极、健康、有趣的书籍的小型图书馆。[16]

这一时期,医院图书馆学作为一个新兴领域正在发展,而琼斯则是少数几位能够撰写该领域书籍,并为患者精心挑选阅读清单的资深医院图书馆员之一。美国图书馆协会在1938年的《全国图书馆计划》[17](*National Plan for Libraries*)中,正式将阅读疗法列为一种医疗手段。随后,在1939年,美国图书馆协会又推出了琼斯的另一本书《医院图书馆》(*Hospital Libraries*)，该书深入探讨了治疗性阅读领域的最新发展和最佳实践。文学兼历史学家莫妮克·S. 杜福尔（Monique S. Dufour）评论说："在这样一个乐观且成果丰硕的时代背景下，该书被视为该领域发展的一个关键性里程碑，广受赞誉"。[18]

萨迪·彼得森·德莱尼（Sadie Peterson Delaney）是亚拉巴马州塔斯基吉退伍军人管理局医院的首席图书管理员，同样是阅读治疗领域的先驱人物。他也在这一时期将阅读疗法广泛应用于工作中，挑选出适合患者和读者的阅读材料进行治疗。[19]

20世纪50年代，随着卡罗琳·施罗德斯（Caroline Shrodes）在《有意识的读者》(*The Conscious Reader*)一书中阐述的理论逐渐为人所知，阅读疗法的地位得到了进一步的巩固。她指出，文学作品中的角色能够深深触动那些与之产生共鸣的读者，而读者个性与文学作品想象力的结合，则有助于将深藏的情感带入意识之中，让我们通过增强自我意识、缓解痛苦的感受，抑或者是找到一种心灵上的解脱，使我们得以从中受益。

施罗德斯的理论与研究描绘了一个既重要又实用的架构，它与传统的心理动力学咨询训练有诸多共通之处，我将在后续章节中对此进行更深入的阐述。在她的论文《阅读疗法：精神分析理论的应用》[20]（"Bibliotherapy: An Application of Psychoanalytic Theory"）中，她提到了弗洛伊德对治疗性阅读的影响，在这篇文章中，她将读者和文本之间的关系与弗洛伊德的治疗师和来访者的关系进行了比较，并指出虚构作品能够通过认同、联结和宣泄在读者与角色之间创造一种共同的心理现实。施罗德斯指出："读者个性与富有想象力的文学作品之间的互动，会触动读者情感，并让这些情感得以自由流淌，以供他们有意识地、有效地使用。"

她认为，读者必须感受到一种安全感，才能勇于探索文本所唤起的情感，放下内心的防御，并乐于通过自我反省、撰写日记或与治疗师交流的方式，去探索文学思考的价值，并在语言中寻求其深层含义。阅读和反思的过程应该能够促进自我意识，同时让读者感受到自由和主动性的增强。

20世纪后期和21世纪初

近年来，研究人员还深入研究了阅读对人类大脑认知层面的影响，并取得了显著的研究成果。1983年，弗吉尼亚理工大学与俄亥俄州立大学的新闻学教授夫妇——戈尔丹·萨拜因（Gordan Sabine）与帕特里夏·萨拜因（Patricia Sabine），共同启动了"改变人生的书籍"（Books That Made the Difference）项目[21]，并在全美范围内采访了1382名热爱阅读的读者。这些受访者来自不同的社会背景，既有知名人士，也有来自各行各业、各年龄层、各地区的普通读者。

此次调研的重点在于了解哪些书籍在读者生活中产生了最重要的影响,以及这种影响的具体表现。通过访谈,读者分享了书籍如何影响他们,比如激励他们克服各种困难、转变观念、巩固新的思维方式、辅助他们转换职业赛道,或者成了他们"逃离现实"的避风港。更值得关注的是,有 60% 的读者表示阅读给他们个人带来了巨大的改变。其中一位二十多岁的年轻读者说,他本已打算在与妻子分开后自杀,但在雷蒙德·A. 穆迪(Raymond A. Moody)的《死后的世界》(*Life After Life*)中看到了一些经历过身体死亡或相信灵魂在死后继续存在的人,书中的故事让他的想法发生了转变,重新燃起了对生活的希望。另一个读者沉浸在母亲去世的哀伤中时,他阅读了《王国的钥匙》(*The Keys of the Kingdom*)这本书,书中讲述了一个可爱的苏格兰牧师的生活故事,给了他极大的安慰。另外,还有一位读者认为《匿名酗酒者互诫协会大全》(*The Big Book of Alcoholics Anonymous*)是他戒酒过程中不可或缺的工具书。

2009 年,多伦多大学的研究团队启动了一项研究,旨在验证"艺术能否对个体性格特征的体验产生显著影响"的假设。[22] 在此研究中,被试被随机分配到两个组,一组阅读契诃夫的短篇小说《带小狗的女士》(*The Lady with the Toy Dog*),另一组则阅读一篇对照文本(该文本以纪实方式撰写,与契诃夫的作品在篇幅和复杂度上相当,但缺乏其艺术魅力)。研究前后,被试需要完成大五人格量表（一个评估尽责性、宜人性、开放性、外向性和神经质的问卷）以及一份包含十种情绪（包括快乐、悲伤、焦虑、无聊、不安、愤怒、恐惧、满足、兴奋和敬畏）的情绪清单。在参与研究之前，没有人读过这篇短篇小说。与对照组相比，阅读了契诃夫短篇小说的被试在性格特征的体验上发生了显著变化，并表示自己受到了更强烈的情感触动，这证实了他们的性格变化是由文本引发的情感所致。研究人员因此得出结论，阅读小说对性格的影响值得进一步探索。

写作在阅读疗法中的作用

优秀的作家在创作时，倾向于将自身熟悉的事物作为题材，其作品往往带有一定的自传性质。灵感源自他们的个人经历，因此在创作的过程中，他们需要梳理并表达出自己的情感。这种写作方式具有宣泄的作用，而这些情感体验也会传递给读者，使读者在阅读时能够更深入地理解和感受作品，同时也在其中找到自我疗愈的力量。

我受到启发，开始在阅读后进行日记记录，我称之为"文学日记法"。这个方法让我对阅读的内容进行深度思考，观察并记录下我的情绪反应，思考这些文字如何触动我，以及我从中对自我有了哪些新的认识。正如《千面英雄》(*The Hero with a Thousand Faces*)作者约瑟夫·坎贝尔（Joseph Campbell）所言："我通过一页页专注地阅读，在心中编织起一条与自己生活平行的叙事线，塑造着自己故事中的女主角。"在我日记写作的过程中，疗愈的要素一一出现，我开始自我同情，与所读的内容，与自己都建立起了深深的联结。在接下来的章节中你会看到，记日记已经成为我实践中的重要环节。

阅读疗法带来心灵成长

阅读疗法的魅力引领我进行了一次自我剖析，审视书籍如何在我人生的各个阶段塑造了我。书籍一直是我生命中不可或缺的支持。我记得七岁那年，父母安排我去英国与远亲共度八周的暑假，那时的我心情复杂，既期待又紧张。为缓解内心的不安，我想到了罗尔德·达尔（Roald Dahl）的《玛蒂尔达》（*Matilda*）、《好心眼儿巨人》（*The BFG*）和《詹姆斯与大仙桃》（*James and the Giant Peach*），它们的主人公都是在缺乏父母关爱的情况下自立自强的。我心想，既然他们能在更加恶劣的环境下独自闯荡，那我也一定能坚持几个月没有父母在身边的日子。

随后，我回想起自己24岁时经历的那次心碎的分手，以及妮可·克劳斯（Nicole Krauss）的《爱的历史》（*The History of Love*）如何成为我的救赎。那是我初次经历分手，悲伤与渴望的情绪如潮水般汹涌而来，我无力承受，只能选择封闭自己的情感。直到阅读了《爱的历史》，我才终于让一直强忍的泪水肆意流淌。那一刻，我感到自己被深深理解，不再孤单。这次经历再次向我展示了文字在爱情与失落中的巨大力量。我详细记录了这些经历，并坚持写日记，以捕捉那些随着时间流逝而发生的微妙变化。

我开始尝试阅读治疗中的日记练习，这让我逐渐注意到了自己身上的细微变化。我把这些内心的反思与我的治疗师分享，他给予我精神上的支持，强化了这些积极的变化。整个过程如同两只手紧紧相扣，共同协作，一本本书，一次次咨询，让我焕然一新。

诗歌疗法

诗歌同小说和纪实作品一样，对我的疗愈有着深远的影响。我经历过友情的决裂和令人心痛的失去，那些我曾认为坚不可摧、能伴随我一生的关系，最终却被证明是脆弱而短暂的。这种领悟让我清醒，但随之而来的失落感却如洪水猛兽般令人难以承受。我被悲伤和愤怒所笼罩，再也无法抑制这些情绪。诗歌帮助我理解了所发生的事情，它用精练的语言捕捉了我们强烈的情感，而一些最好的诗歌就是在这些情感的交织中写成的。当这些文字在纸上宣泄而出时，我们开始了疗愈之旅。写作本身就是一种治疗过程。

诗歌在战争期间的疗愈力量不容小觑，这一点在两次世界大战和美国内战中都有详尽的记录。士兵通过朗诵诗歌来应对战争的创伤和暴力，医生也会利用诗歌这一媒介，为病人创作诗歌，以此来建立情感上的联系。而约翰·济慈（John Keats），这位曾学习医术的诗人，就是这一现象的生动例证。如今，耶鲁大学医学院和伦敦大学学院医学院的医生都会为患者开具诗歌处方，耶鲁大学还会提供一份包含诗歌在内的必读书单。

诗歌作为公认的治疗方式，其应用范围正在持续扩大。在美国、英国和欧洲，越来越多的心理治疗师将诗歌疗法纳入他们的治疗实践中。在全球范围内，国际诗歌疗法联合会为诗歌治疗领域的从业者制定了培训和认证的标准，以确保他们具备执业资格。

以下是我写的一首诗的初稿。我并非展示诗歌的艺术表现风格，而是想强调诗歌是我们表达内心情感的重要方式。

蜕变

一个旅程的终结孕育新篇章的开始，

宛若轮回。

在自然的休憩中整理与反思，

摒弃不良习惯。

重置自己，

迎接新的挑战。

重新校准宏伟愿景的轨迹，

再次设计前行的蓝图。

在记忆的面前展露笑颜，

庆祝每一刻。

为美好时光的消逝而落泪，

为独特却终将落幕的时刻感到不舍。

对过往的逝去感到哀伤，

每一刻都值得缅怀。

每一次旅程都打破常规，

迫使我们不断尝试、调整并优化自我。

它默默地引导我重新审视，

从中汲取宝贵的经验。

让庆祝成为生活的一部分，

将兴奋与希望融合，

为生命赋予意义，

做一个高尚的人，

丰富人生体验，

让我们更加完整。

这并非一条笔直的道路，

而是充满了曲折与变化。

意外的转折点相互叠加，

力量逐渐汇聚，

塑造出一个宏伟而长远的计划。

这一切的安排都显得如此精妙绝伦。

这，就是我们自己的故事。

我既喜欢阅读也热衷于创作关于友情的诗篇。这些诗歌为我带来了希望，让我学会珍惜生命中那些美好的人际关系，它们也是我正在做的挑战性边界工作的良药。吉莉恩·琼斯（Gillian Jones）的《朋友》（*A Friend*）一诗，温柔地告诫我们，若想拥有真挚的友情，自己亦需要展现出同样的真诚与付出。罗伯特·弗罗斯特（Robert Frost）的《谈话之时》（*A Time to Talk*）则强调了珍惜与友人相聚时光的重要性，而威廉·布莱克（William Blake）的《真实之毒》（*A Poison True*）㊀则警示我们，若压抑自己对友人的情感，可能会带来意想不到的伤害。每当我与诗人和他们的诗作产生共鸣时，都会有一种奇妙的感觉，仿佛那些诗句是特意为我而写的，它们所蕴含的哲理与智慧一直陪伴着我，指引我前行。

阅读疗法的定义

随着我的文学探索之旅逐渐深入并接近尾声，我对于阅读疗法的看法也逐渐清晰并形成了自己的定义：阅读疗法是一种以故事为疗愈媒介的艺术疗法，其起效机制在于读者与各种文学作品（包括虚构、非虚构、诗歌、随笔等）之间建立的联系，以及读者通过日常记录的练习（文学日记）或咨询，对文字所触发的思考、情感、观察和教

㊀ 此为原版印刷错误，应为《一棵毒树》（*A Poison Tree*）。——译者注

训进行深度的反思。

写日记和各种阅读治疗技巧构成了我的工具箱，我阅读、自我反思、分析、讨论、不断地深化，这几乎成了一种新的理解和处理情感问题的视角和方法。治疗的工作从不是一件简单的事，这次也不例外。我感到自己已经做好了准备，渴望将我的领悟和技巧分享给他人，帮助他们通过文学的力量获得内心的慰藉与疗愈，同时引导他们正视并处理那些因过于痛苦而一直埋藏在心底的情绪（一旦触及，那份痛苦就让人难以承受）。

在文学的世界里，你不必直接抒发情感，而是透过他人来观察它们。他人的经历中蕴含了你的痛苦，这种共鸣是对你内心世界的反映，而文学则像一位拥抱者，给予你理解和同情。当你正视并尝试理解自己复杂又痛苦的情绪时，有人能够感同身受并为你分担一部分，这种安全感具有转变的力量。不仅如此，当我们读到他人也经历过的负面情绪时，我们对自己的消极感受也更容易释怀。情感宣泄的原理是，只有不逃避地感受到痛苦，我们才能从中获得解脱。

基于这个领悟，我主动向来访者敞开我的阅读治疗的空间，鼓励他们带来他们的痛苦、失落、悲伤、压力、焦虑、创伤、关系问题、身份认同、性别与性取向的困惑，以及如阅读障碍等学习障碍的挑战，我希望，尽管他们身处远方，但通过文本的纽带，他们能够感受到自己的存在被看见，被理解，被关怀，被拥抱。

直至最终得到了疗愈。

> 艺术最贴近生活，它可以放大我们的体验，也能在我们个人边界之外拓展出与同胞的联系。
>
> 乔治·艾略特
> 《德国生活的自然史》
> (The Natural History of German Life)

第2章

阅读治疗：
它是什么，如何以及为什么生效

什么是阅读治疗

如果我们把传统治疗称为"谈话疗愈",那么阅读治疗就是我所说的"阅读疗愈"。它通过想象提供了几乎立即进入无意识头脑的途径,为疗愈带来了新的维度。页面上的文字不只是在"对我们说话",也会带我们踏上去往无意识深处的神奇旅程,去探访多年来被我们忽视的内心深处,或是探寻我们未曾知晓的地方和欲望。

在阅读治疗中,我们会自动启用弗洛伊德在谈话疗法里使用的自由联想法(即自由地分享任何出现在脑海中的想法、词语等内容);文学可以通过描绘的人物及其所处的情境,或通过作者的文字("替代经验"),唤醒那些被我们遗忘的记忆并与它们重新建立联结,而这个过程并不需要外部治疗师的参与。当然,如果你愿意的话,你可以选择与阅读治疗师、咨询师、心理治疗师或其他类似的人讨论这个过程中出现的想法和感受。此外,你也可以通过创造性的阅读治疗方法,比如写日记、写信或创造性写作,来处理过程中出现的观察、反思或感受。从本质上看，这些主动的阅读治疗过程可能比谈话治疗更有效，因为我们不需要顾忌他人的评判，能够自由地表达并处理我们的感受和内心深处的想法。

阅读治疗如何生效

学者卡罗琳·施罗德斯博士是阅读治疗最重要的先驱之一，她说："读者在故事或其他文学作品中看见自己或亲近的人的影子时，会体验到'认知的冲击'，这使得阅读治疗成为一种可能。"[23] 她认为作者在故事中创造了一种替代性现实或一种拟真情境，这种现实非常逼真，以至于读者能够在这种现实里代入情感，有机会进行观察和反思，并从中产生新的视角、理解和洞见。施罗德斯认为阅读是一种生活方式，与工作、社交和教育等一样，并且她认为在阅读时我们是全然带着自己的需求、目标、防御和价值观的。

与传统心理治疗契合的是，施罗德斯认为，要使文学文本成为治疗的载体，需要满足三个特性：认同（包括投射和内射）、宣泄和洞察。

♥ 认同：读者认同这些文本或相关人物，并与它们建立联系。

- ♥ 宣泄：这些文本能够使读者与自己的情绪产生联结，并释放出这些情绪（允许"宣泄反应"）。
- ♥ 洞察：这些文本通过人物面临的问题，给读者提供关于自身处境的洞察，并允许个人借助治疗的方式来巩固这种洞察和学习。

这个理念认为，读者会欣然接受在他们内心激发的联系、同理心或确信感，而拒绝那些让人感觉太具威胁性或挑战自我的文字。最重要的是，就像任何其他形式的治疗一样，阅读治疗的目标是打破不再有效的重复性思维模式，并鼓励我们以新的方式看待世界。这些视角的转变能帮助我们弄清楚什么是我们的个人负担，以及什么是我们为他人保留的东西。

移情如何在阅读治疗中发挥作用

在传统治疗中，移情能够使来访者看到早先被压抑的情感与其后来在咨访关系里的重现之间的联系。而他们获得的新视角或新洞察，使他们能够从这些被压抑的情感中得到解脱。

在阅读治疗中，当来访者认同了书中的某个人物或某个触发了情感反应的故事情境时，就会产生移情。这些情感被投射到作者或特定人物身上，使来访者有机会通过文学作品重新体验过去未被解决的冲突。当我们意识到这些情感时，可以通过写日记和本书分享的阅读治疗技术，或通过咨询和心理治疗的方式来处理它们，并从中获得新的视角。这个阅读过程充当了一种催化剂，促使被压抑的那些情感从潜意识中释放出来。

我记得与来访者露西的一次特别咨询，当她读到社交名流黛西·布坎南（Daisy Buchanan）的故事时感到愤怒。黛西·布坎南是弗朗西斯·斯科特·菲茨杰拉德（Francis Scott Fitzgerald）的作品《了不起的盖茨比》（*The Great Gatsby*）中的主角之一。当我们探索在她的阅读体验中被触发的情感时，露西意识到她把对母亲的敌意投射到了黛西身上。在更深入地审视自己对于这本书的反应时，露西明白她的母亲并不完美，她在怨恨母亲对财富和地位的痴迷的同时，也感激母亲对孩子们的奉献。在成长中，露西的母亲一直确保露西和她的兄弟拥有他们所需要的一切，也一直稳定存在于他们的生活中——这与黛西不同，菲茨杰拉德笔下的黛西对其还在襁褓中的女儿并没有什么兴趣。尽管在理清和处理与母亲的关系上花了一些时间，但是露西的觉悟让她拥有了一个新的看待母亲的角度，并接受母亲本然的样子——包括好的和不太好的部分。由此，露西也从其对母亲的矛盾情感中获得解放。

露西的故事展示了阅读治疗是如何为我们提供关于思考的线索的：为什么我们会感到恐惧、愤怒或内疚？是否有我们过去或现在的某些东西导致我们将这些情感投射到页面的文字上？这是需要我们处理的问题吗？所有这些情感都需要被进一步探索，而不是被忽视或拒绝。无论这些感受有多么痛苦，我们都需要能够耐受并处理这些不舒适的情绪，而这占据了治疗或阅读疗法的一半工作。只有这样，改变生活的自我觉察、自由感以及能动性才会随着出现。

精神病学家兼学术教授默里·鲍文（Murray Bowen）说过："与情绪为友，胜于与情绪为敌。为了摆脱麻烦的投射，我们必须意识到这些投射。"[24] 从本质上说，为了真正获得情感自由，我们必须让自己充分体验自己的情感，而不是埋藏或拒绝它们。而文学让我们有机会做到这一点：通过阅读体验来表达我们的情感，而不是压抑或保留它们。我们开始对这些情感进行剖析和释放、处理或搁置、拥抱或拒绝；对这些情感，如果我们选择进行关注、观察和反思，那么，我们会发现在每一点上，文字都会告诉我们一些东西。探索这些线索就是改变过去模式的方式。

阅读疗法与其他疗法的比较

与其他疗法相比，阅读疗法有其独特之处，它具有双重动力：它使读者能够同时成为旁观者和参与者；读者既能拥抱幻想，又能在现实中找到意义。通过直面和理解某个人物或作者的视角，我们可能会开始认识到自己身上与之相似的动荡或幸福感。而次要人物可能会让我们想起自己生活中的一些人，他们此前从未被我们欣赏或理解过，借由文学作品来探索他们的动因可能会令人感觉新鲜且比较舒适，使你能够以一种更平衡的方式包容他们的不足，或者可能减少你对他们的恐惧或矛盾心理。

有时，我们通过某个角色的经历直观地感受到一种新的情感，但尚未将其言语化，这种新情感可以挖掘出与某段艰难的记忆或冲突经历相关的旧情感，从而带来新的视角，以及新的可能的解决办法。

学者杰夫·考夫曼（Geoff Kaufman）博士和莉萨·利比（Lisa Libby）博士发现，阅读时在虚构人物的世界中"迷失自我"可能会促使自己的行为发生实际变化。[25] 在俄亥俄州立大学的一项研究中，考夫曼和利比发现，读者们会进行"体验式学习"，"体验式学习"被定义为"自发地假设叙事中某个角色的身份，并模拟该角色的思想、情感、行为、目标和特点的想象过程，好像自己就是这个角色一样"。这种转变可能会带来非常真实的（永久或暂时的）变化。实践中的一个例子就证明了这一点：如果研究中的参与者强烈认同一个克服了投票障碍的虚构人物，那么他们更有可能在几天后的真正选举中做出投票。如果参与者阅读了具有与自己不同的种族或性取向的角色的材料，那么，通过"体验式学习"，他们更有可能对该角色以及与角色相似种族或性取向的人做出积极的反应，对这些人有更多的接纳和更少的偏见。为了让"体验式学习"

真正起效，读者需要让自己完全沉浸在角色中，这样才能暂时地进入某角色的身份和世界观。研究还发现，与第三人称叙述相比，第一人称叙述对于促成"体验式学习"的转变有更大的作用，因为它延缓了角色的性别、种族、阶级、性身份和性取向的暴露。

阅读疗法用于治疗实践的好处

- ♥ 增强自我意识。通过阅读书中的人物和情境，人们可以获得对自己情绪和行为的新的洞见。我们能清楚地看到主人公的失败之处，而这有助于揭示我们自己的盲区。
- ♥ 阅读激发我们的想象力，理清我们的情感，并使我们尊重自身的人性问题。它还为这些问题提供了可喘息的空间或解决方案，也提供了一种使我们内心富足的意义感。
- ♥ 阅读和冥想一样，可以使大脑发生变化，它能增强大脑的执行功能，更好地调节情绪，使我们能够更好地根据特定情况选择相关情绪，从而减轻压力、焦虑和抑郁症状。
- ♥ 像阅读一样，写作也有疗愈功能，创造性阅读治疗技术（阅读和写作实践的结合）可以使我们开始在意识和无意识层面处理我们的情感，从而达到疗愈的目的。

阅读疗法的三大支柱

如前所述，卡罗琳·施罗德斯的理论和研究勾勒出一个重要且实用的框架，与传统的心理动力学咨询和治疗相似：如果要使文学文本发挥疗愈作用，须具备以下条件：①认同；②宣泄；③洞察。安全、信任和联结是这三大支柱的基石。

安全与信任

与传统治疗一样，要使任何治疗过程发生，来访者都必须感到安全。治疗过程就发生在眼睛与书页的交流中，发生在一个安全的物理空间中，可以是在家里，或者如果你正在与阅读治疗师或类似的心理健康专业人士一起工作，也可以是在咨询室中。关键是，无论在哪里进行阅读治疗，你都必须感受到安全、有保障和信任。读者必须能信任写作，且能够安心地探索写作所引发的情感和观察。

以上这些可以通过以下方式探索：写日记，与亲密的朋友讨论或在治疗（团体或个体治疗）中探讨。研究表明，比起谈论我们自己的问题，谈论角色的问题会感觉更安全，因为这样可以拉开距离——我们可以探索这些问题，而不必担心同他人（即使是咨询师或治疗师）表露感受时可能受到评判。

根据我的经验,即使是最具防御性的来访者,那些对传统形式的咨询和治疗更加抵触的人,在受到文学文本的影响后,往往也会敞开心扉。研究表明,阅读疗法实际上对任何具有回避型依恋风格的人特别有帮助。[26] 依恋风格是人们与他人形成和维持情感联系的方式。它们是由我们幼年时与照料者之间的经历所塑造的。依恋类型主要有四种:安全型(对亲密关系感到舒适,寻求亲密关系)、焦虑型(过度依赖伴侣,担心被拒绝或抛弃)、回避型(强烈渴望独立和自主,较少信任他人,且避免情感上的亲密)、混乱型(焦虑型和回避型依恋风格的结合,想要亲密但又无法信任他人,害怕被拒绝或抛弃)。对于具有回避型依恋风格的人来说,他们强烈渴望独立和自主,而阅读疗法给了他们自助的自由,无须总是寻求专业帮助。因此,具有这种依恋风格的读者可能会特别被阅读疗法所吸引。

阅读疗法还为读者提供了一定程度的自主权,因为他们可以控制咨询的节奏,如果他们开始感到情绪失控,他们可以暂停阅读。读者还可以利用自己的想象力来降低某段文字所触发的脑海中图像的强度。

联结

联结是至关重要的。读者需要相信他们的感受得到了承认和确认,因为这可以增强他们的归属感。通过与作者或文本建立联结，读者会放下防备，会更愿意探索文学思维的价值，这与传统治疗中来访者和治疗师之间需要建立的信任纽带如出一辙。在这个过程中，应鼓励读者释放被压抑的情感，使他们重获自主感，从而增强自我意识，解放自我，并最终找到继续前行的方向。

阅读治疗过程

那么，阅读治疗究竟是如何进行的呢？在一节典型的阅读治疗中，我会先提出一系列问题，这些问题旨在帮助我更好地了解读者，以及确定如何选书。下面是一些例子。

- ♥ 是什么让你来到咨询室？你想探索什么？
- ♥ 你的阅读偏好和习惯是什么？包括：
  - 你有多少时间可用于阅读？
  - 你喜欢哪种文学媒介（如平装书、精装书、电子书）？
  - 你最喜欢的体裁、书和作者是……？

我还会问一些一般性问题，以便更好地了解来访者，并帮助我找到任何其他可能对我有用的信息。

一旦我掌握了所有这些信息，我就可以开始策划一份阅读清单，以解决来访者可能会遇到的任何问题。我们将在第三部分更详细地介绍这个过程。

阅读治疗会谈

根据来访者在咨询前提供的信息以及对上述问题的回答，我会为第一次咨询准备一份精心策划的阅读清单（"书籍处方"）。在我们最初的 50 分钟会面中，我会更细致地核对来访者的问题，并向他们介绍他们的阅读清单，我可能还会根据咨询中了解到的情况对清单进行调整，以更好地满足来访者的需求。来访者会从清单中选择一两本书，目的是在两次咨询的间隔期阅读这些书并书写文学日记。文学日记包括记录由阅读引发的任何想法或自我反思片段（有关如何使用这种阅读治疗技术的详细指导，请参阅第 3 章）。然后，他们会在咨询间隔期或咨询中与我分享他们的文学日记，这些文学日记会为咨询过程提供指引。咨询过程不会因为离开咨询室而停止，因此这给了来访者继续记录和处理他们感受的机会。

在进一步的咨询中，来访者将了解其他可以在咨询过程中发挥积极作用的创造性阅读治疗技术，例如写信、随笔或诗歌，以及非结构化创造性写作、叙事疗法和文学反思练习——我们将在后面的章节中更详细地介绍这些技巧。

阅读治疗中使用的文学体裁

阅读治疗中使用的文本可以是虚构或非虚构的,形式多种多样,从小说到诗歌,从戏剧到回忆录,从自助书籍到随笔。虽然虚构作品往往更能打动我们,但一些非虚构作品——尤其是回忆录和传记等叙事性作品——也能产生类似的效果。请记住,在选书时,最重要的是它符合读者的喜好,因为这将影响读者与文本的联结程度,进而影响他们自己的感受和想法。有的读者喜欢希腊悲剧,有的喜欢图画小说,有的喜欢心灵鸡汤,还有的喜欢介于这些之间的所有作品。不同的体裁都有其作用,而我作为阅读治疗师的职责就是充分利用它们以进行治疗干预。

文学作品策划技术

现在你已经对阅读治疗的工作原理有了更好的了解,你可能想知道如何策划一份治疗性文本清单(我们将在第三部分更详细地介绍这一过程)。我的工作重点始终是我的来访者——他们带了哪些问题到咨询中?他们需要与哪个文学人物或故事建立联结?什么样的文学媒介或结构能让他们感到有所归属、轻松自在,就像在治疗师的办公室里一样?

我的一些来访者一直在哀悼他们的配偶,他们从安妮·泰勒（Anne Tyler）的《学着说再见》（*The Beginner's Goodbye*）和琼·狄迪恩（Joan Didion）的《奇想之年》（*The Year of Magical Thinking*）中找到了安慰。我曾与离婚者一起工作过，他们从蕾切尔·卡斯克（Rachel Cusk）的《余波：婚姻与离婚》（*Aftermath：On Marriage and Separation*）和弗洛伦斯·威廉姆斯（Florence Williams）的《心碎：透过科学走过人生低谷》（*Heartbreak：A Personal and Scientific Journey*）中找到了慰藉。我曾目睹创伤遭遇者从巴塞尔·范德考克（Bessel van der Kolk）的《身体从未忘记》（*The Body Keeps the Score*）、阿兰达蒂·洛伊（Arundhati Roy）的《微物之神》（*The God of Small Things*）和弗吉尼亚·伍尔夫的《达洛维夫人》（*Mrs. Dalloway*）中获得洞见和解脱。

在接下来的章节中，我将讲述他们的疗愈之旅、寻找自我之旅，以及寻找意义、目标和宁静之旅——最重要的是，我还将分享他们改变人生的小顿悟，以及可能促成这些顿悟的阅读治疗技术。我也会讲述我自己的经历。

第二部分

阅读治疗旅程

> 有的书就像一把钥匙,它可以打开自己的城堡中不熟悉的房间。
>
> 弗朗茨·卡夫卡(Franz Kafka)、理查德·温斯顿(Richard Winston)
> 《致朋友、家人和编辑们》
> (Letters to Friends, Family and Editors)

第3章
一场阅读治疗师的疗愈之旅

童年

我童年关于阅读的记忆仍然历历在目。最早的记忆是我父母舒缓的读书声,他们会用声音将文字和图像编织成一个色彩斑斓又引人入胜的、关于勇气和欢乐的故事,然后通过讲述将我带去故事中那个令人兴奋的遥远地方。后来我学会了自己阅读,我会坐在铺满枕头的宽敞橡木橱柜中,就像《纳尼亚传奇:狮子、女巫和魔衣柜》(*The Lion, the Witch and the Wardrobe*)中的露西一样,仿佛消失一般地沉浸在书中的新世界里,尽管我从未真正离开这个橱柜。我通过阅读了解世界——并且因此知道我并不孤单。

尽管过了这么多年,我关于翻阅杰恩·费希尔(Jayne Fisher)的《花园帮》(*Garden Gang*)的记忆依然清晰。佩内洛普·草莓(Penelope Strawberry)、罗杰·萝卜(Roger Radish)、帕姆·香菜(Pam Parsnip)和劳伦斯·柠檬(Lawrence Lemon),这些书中的主人公都是拟人化的水果和蔬菜,他们都拥有着强烈的主见和独特的脾气：佩内洛普·草莓虚荣又势利，而罗杰·萝卜则是害羞胆怯的。现在回想起来，感觉是新奇感、好奇心和想象力驱使着我去读这些书：哪一个四岁的孩子不想生活在一个水果和蔬菜会说话的世界里呢？尤其这些水果和蔬菜与你一样，拥有自己的不安和恐惧，何况他们还会带你踏上一段奇妙有趣的旅程。

作为一个内向害羞的孩子，我会在读到罗杰·萝卜战胜自己的胆怯时感到安心和欣慰——萝卜在一个强大巫师的小小帮助下，拯救了一群溺水的韭菜——每个《花园帮》的故事都是以一个小问题开头，然后这个小问题会演变成大挑战，因此需要勇敢的水果或蔬菜来解决它们，并且在解决的过程中，蔬果们会成长为英雄。这种"出现问题，解决问题，成为英雄"的人物故事弧光不光会让孩子产生共鸣，成年人也同样如此。其实作家约瑟夫·坎贝尔已经提出了一个理论来解释这个现象。在《千面英雄》一书中，坎贝尔的解释为，英雄之旅的原型可以分为三个阶段：首先，英雄必须改变现状来应对威胁或挑战，并希望以此来改善生活；然后，英雄将经历一场神圣的觉醒，这使他们变得能够克服正在面临的困难；最后，英雄会带着新的智慧、想法和觉察回到家乡。这场旅程之所以充满吸引力，是因为它给了我们希望，激励我们去消除自己的忧虑，并以此来让我们知晓自己可以取得更好的成果。

随着年龄的增长，我不再喜欢《花园帮》，而是爱上了伊妮德·布莱顿（Enid Blyton）的《魔法树的故事》

(*The Faraway Tree*),这套书围绕着孩子们发现的一棵魔法树展开,而这棵树是通往其他魔法大陆和精灵之家的大门。这套书富有想象力,将我传送到了一个迷人的、让人想要永居的世界。卡罗琳·基恩(Carolyn Keene)的《南希·德鲁》(*Nancy Drew*)系列也是我的最爱,它主要讲述了高中生侦探的故事。这套书中的每一页都充满着对南希的勇敢和敢作敢为的态度的描写:南希去了其他女孩不敢去的地方,她解决了连成年人都不能解决的难题和谜团——她是一个超凡脱俗的英雄,让我想要变得像她一样勇往直前。

学者兼文学评论家诺曼·霍兰德(Norman Holland)曾在其著作《文学反应动力学》(*The Dynamics of Literary Response*)中指出,所有的文学作品均是儿童文学,我们在阅读时能更好地激活文本与幻想之间的情绪共鸣——这种幻想是下意识的,想要回到"前俄狄浦斯期"的快乐。在经典的精神分析理论中,这种快乐是指孩童在早期发展阶段,尤其在与母亲或主要照料者的关系中,所感受到的感官和情绪上的愉悦。

这个观点呼应了威廉·华兹华斯在诗歌《我心雀跃》(*My Heart Leaps Up*)中写下的名句:"孩童是成人之父。"其言下之意为,童年的经历和行为会塑造我们成年后的样子——它经常被用作解释和强调童年经历在塑造我们的人格、信念和生活态度方面的重要性。这一观点一直被精神分析理论(尤其是弗洛伊德和他的追随者)所采纳。

青少年时期

朱迪·布鲁姆（Judy Blume）和乔治·艾略特为平行世界的存在创造了平台：让我这个青少年可以既生活在他们的故事里，又能生活在我自己的现实中。他们让我度过了月经来潮的冲击：月经初潮时，我超级难为情（部分原因是我生来就需要信仰印度教和耆那教，而在这种宗教中，月经被视为每个月"不洁的"时刻）。阅读《你好，我是玛格丽特》(*Are You There God? It's Me, Margaret*)时，玛格丽特的经历让我确信我的感觉和感受都是完全正常的——包括我对男生产生的那些复杂、矛盾的感觉，也是正常的。这本书的作者朱迪·布鲁姆是一位文学界的"神仙教母"，她的书就像让一切都会好起来的魔咒，至少让我的青春期变得可以忍受。

在初中的英国文学课上，十几岁的我阅读了乔治·艾略特的作品，尽管当时的我完全不明白什么是心理学，也不知道她的写法能否被称为心理描述，但我仍然无意识地被她对笔下人物深度的心理学刻画所吸引。作为一名野生的心理学家，艾略特将她的角色描绘成多维的、充满着冲突和认知失调的：感觉就像是对人类状况精准到可怕的描述。我发现她的文字如此贴近生活，感觉她就像在写我本人一样，以至于我会想在她的故事中停留得越久越好：因为这儿有一个人能够理解我的痛苦，她的文字可以让我在不对外暴露伤痛的同时被允许是脆弱的。

艾略特的《弗洛斯河上的磨坊》发生在 19 世纪初期，故事围绕着玛吉·塔利弗（Maggie Tulliver）展开，而她是一名在父权社会中成长起来的、聪慧又理想主义的年轻女性。玛吉从小就渴望得到她务实稳重的哥哥，汤姆的认可。兄妹间紧密的关系会被天性的不同和社会期待的各异所检验、消磨，并且随着他们的长大，汤姆逐渐变得疏远和克制情感表达。这对玛吉产生了重大影响，最终促使她在以后的生活里不断地寻求周围人的认可。玛吉的行为模式形成是艾略特呈现她如何理解童年关系影响成年生活的典型事例。正如我们所见，她的作品甚至给了弗洛伊德灵感，启发他形成一些关于人类发展和童年经历影响的理论。

对我来说，《弗洛斯河上的磨坊》强调了我们不会总是从亲人、朋友、老师或权威人士那里获得认可。但为什么我们总是需要他们的认可呢？作为"讨好型人格"者，我能够深深地理解玛吉急切渴望哥哥认同的感觉：如果我们屡次得不到周围人的认可，就会开始恐惧做错事，犯错误，最终被他人拒绝或讨厌——然后我们就会开始害怕自己不属于这里。这种对归属感的需求是与生俱来的，如果不能得到满足，就会产生各种各样的焦虑。我还记得十几岁的我幻想着去安慰玛吉，让她知道她可以不需要哥哥的认可。我想要帮助玛吉，告诉她，哥哥正在拖她的后腿。但这究竟是我在心疼玛吉，还是试图安慰我自己呢？对于玛吉的需求，我是非常笃定的，但与此同时，我没有意识到我是如何阻拦自己前进的。这就像照镜子一样，让我意识到我正在阻碍自己的成长。我问自己，怎样才能停止对于被认可的渴求？第一步就是意识到并且承认这一点。第二步是练习自我怜悯，提高自我价值感，即不根据他人是否喜欢我来衡量我自己。《弗洛斯河上的磨坊》对我来说就是黑暗中的火炬，它让我意识到我的内心世界曾经饱受焦虑和恐惧的折磨。我曾经以为这很正常。同样，我也意识到了每个人都是那么脆弱和矛盾。

成年早期

成年后，阅读仍然是我的庇护所。我喜欢在书中有机会可以间接体验生活的感觉，这帮我摆脱了现实生活中那些困难的、令人畏惧和疲惫的考验，而是用更安全的方式检验生命的意义。这些书是通向一个更安全的、富有同理心和理解力的世界的渠道：在这里我可以与我的痛苦共存，让它被抱持，因此我就可以更清晰地看待它，进而最后释放这种痛苦。

事后回看，我的生命中有一半的时间都生活在书本中，通过阅读来审视我的现实生活。有时这会改变我对于现实生活的看法。我发现同时在两个世界中生活时，我对阅读更加沉迷，并且阅读能够在生活突然出现挫折时疗愈我。除此之外没有其他任何方法可以做到这一点。

1996年，父母带着我和哥哥移民英国，在英国赫特福德郡的一所学校中，我完成了高中的课程。尽管我最爱的是文学，但还是在大学选择了数学专业，毕业后先后进入一家投行和一家大型审计公司。在银行业仅仅工作了几年，我的健康就大受伤害。作为一名风险分析师，我的工作时间非常长，尽管很有趣，但不能称之为令人满足——再多的钱也无法弥补这份工作带来的压力。我发现比起建议投行客户如何管理风险，实现利润最大化，我更想提供如何管理痛苦，实现情绪自由的建议。我知道我想要追求一些比金融更有意义的事物，我总是被如何理解他人相关的想法吸引：什么构成他们的动机，这些动机又是如何运转和提高人们的生活质量的——因此我决定去学习心理动力学流派的心理咨询。

就如同我前面提到的，接受个人体验是被训练成一名心理咨询师的前提条件，这也意味着我第一次与一位陌生人敞开心扉。在第一次接触阅读治疗后，我开始逐渐依托文学作品和诗歌写作，将其作为我的情感支持。在两场咨询期间，我会将我所读到的文学作品变成书写学习日记和自我反思的思路提醒（"文学日记"），并且这很快就成了我的日常习惯。

文学日记：如何生效

文学日记需要我们记录下所有读过的书以及它们给

我们带来的影响。写日记是与自我产生联结，反思自己的所思所感，在日复一日的生活压力中保持清醒的最佳方法之一。这个方法能够带来平静的感觉，并且帮我们更好地理解这个世界和我们自己。

写下文学作品所引发的情绪，无论情绪好坏，这都是非常有益的，尤其是在排解负面情绪的方面。正如作家兼物理学家列纳德·蒙洛迪诺（Leonard Mlodinow）在他的书《情感：对感受的新思考》（*Emotional: The New Thinking About Feelings*）中所讨论的那样，对不需要的负面情绪进行表达，能够有效地缓解它。这种方法能提高大脑前额叶皮质（大脑中负责重要认知功能的部分，比如执行功能，其中包含决策能力和问题解决能力，以及毅力和创造力）的活跃程度，并且降低对恐惧和焦虑的反应程度，来抑制杏仁核（负责处理恐惧和有威胁的刺激的部分）的活跃，从而更好地调节情绪。

情绪调节对我们的生活能够正常运转和保持健康至关重要，这其中包括用一种有效的方式驾驭积极情绪和消极情绪，这样我们就不会不知所措，也不至于被情绪吞没而无法在日常生活中保持最佳状态。将情绪调节好，我们就可以更好地进行决策，增强韧性，防止例如焦虑、抑郁等心理问题的恶化，进而让我们能够应对冲突，进行有效沟通。

事实证明，书写不愉快的经历能够降低血压，减轻慢性疼痛的症状，改善情绪和睡眠质量，增强免疫力。[27]正如莎士比亚（Shakespeare）在《麦克白》（*Macbeth*）中所写："悲伤若不说出嘴，便会向负荷过重的心窃窃私语而令其破碎。"

文学作品能够赋予我们探索、收获和借鉴的能力。书写文学日记便是为了将这种能力从无意识层面带进意识层面，进而让这些能力能够为我们所用。它提供了一种不同的自我疗愈的形式。如果利用得当，可以给我们提供新的觉察与生活方式，使我们更灵活地应对日常生活中的挑战，建立韧性和信心。

我经常被问到的一个问题是："我该如何开始呢？"我认为答案没有对错之分，但有如下非常有效的三个步骤。

步骤一　选择能够真正引起你共鸣的文学作品

- ♥ 在你的生活里，是否有一个领域或问题（比如丧失、焦虑、冒名顶替综合征、建立个人边界），是你想要进一步探索或发展的？
- ♥ 有没有你特别感兴趣的思潮运动，或者好奇的文化议题？
- ♥ 有没有一本你正在阅读的能够引你共鸣的书？或者过去你读过的真正能够打动你的读物，又或者你读过并且想要对其探索更多的书？探索的内容可以是主题、作者或某个角色。

找到一本涉及上述内容的书,并思考下述问题:
- ♥ 我喜欢阅读哪种类型的书?小说(比如历史小说、通俗小说、悬疑小说)?非虚构(比如回忆录、自传、散文)?诗歌?
- ♥ 我喜欢哪种写作风格?
- ♥ 我每周可以在阅读上花费多少时间?(如果时间不够,可以考虑短篇故事或短文集,而不是长篇小说或回忆录。)
- ♥ 这本书的阅读媒介是什么?(不要局限于实体书,因为你可能会更喜欢电子书或有声书。)
- ♥ 如果你的心中有了一个候选书单,你可以通过确认是否书单中所有的书都具有多样性和代表性,来缩小阅读范围。

第90页的"读者性格与阅读种类匹配"测试可能会对你的选择有帮助。

选好一本书之后,就可以按照步骤二和步骤三来开始写文学日记。

步骤二　画出重点,书写日记并进行反思

画出你喜欢的任何段落或句子,写下它们给你带来的感受,然后思考为何它们会引起你的共鸣。你可以先带着你的想法入睡,然后第二天再回来看感受是否有变

化。如果没有变化，这就意味着你需要进一步探索这些感受和想法，它们也许在咨询里，也许在另一本详细阐述这个问题的书里。又或者，你可以与朋友或家人讨论你所读到的内容，这个方法可以帮你整理思路，并且他们可能会提供新视角，从而引发更多的思考。在阅读治疗中或心理咨询中讨论这些感想也可能会使你获得更多的洞察。

从另一方面来说，如果你花了一些时间来回看和思考你的日记内容，而你的想法又发生了改变，那么可能需要问问自己，到底发生了什么变化：你是否已经下定决心？这个改变对你来说意味着什么？你是否吸取到了什么教训？你需要去探索一条新路，还是准备好继续前行了呢？

步骤三　归纳整合

归纳整合你的想法和感受能够带来一个结论——得出结论是我们在写日记时经常会忘记的事情，这是写日记的过程中非常重要的一部分。归纳出的结论能够串联你写下的所有因阅读而激发的想法和感受，这样就可以清晰地看到你对自己有了什么新的认识。这一重要步骤会让你选择的故事与你的阅读体验交织在一起，然后照亮你想前往的目标。

通过书籍和文学日记探索个人边界

在我的咨询中,我的最大收获便是如何建立个人边界——之前从来没人教过我的东西——为了更好地说明这种情况,我们必须时光旅行,回到20世纪80年代的肯尼亚内罗毕,我所长大的城市。我的父母是第二代印度移民,古吉拉特人。我们的社群遍布东非,不过内罗毕的社群最大。第一代移民勤劳、富有开创精神和野心,他们在20世纪初冒着生命危险,横渡印度洋,就算疾病肆虐和食物短缺让他们甚至不知道自己是否能活下来。然而他们活了下来,甚至还蒸蒸日上。他们开展了繁荣的商业贸易,经营了农场和工厂,为后代的成功奠定了基础。他们最重要的贡献是形成了一个关系紧密的社群,在这里人们能够安居乐业,互相帮助,开创事业,积极合作。

不过凡事都有利弊,这里的群体观念也孕育了所谓的"正统"思想:霸凌、抑郁、青春期焦虑的应对、人际关系处理和性教育等问题被视为谈论的禁区。这里听不到任何围绕心理健康的交谈,也没有渠道来获得任何形式的心理支持或治疗。对我来说,书籍填补了这个空白,并且阅读是我能接触到的,最接近获得心理支持的形式。

如果社群中有人展现出疑似抑郁或焦虑的迹象,大家的反应通常是将他们"隐藏"起来,并对他们的痛苦挣扎秘而不宣,以免蒙羞。人们对抑郁和其他心理健康问题知之甚少。对于羞耻("别人会怎么看我")的恐惧深深根植于我们每个人的心中，阻止我们成为最真实的自己。我们创造了一个讨好他人的社会：在这种环境中，焦虑和愧疚情绪最容易滋生。

强大又繁荣的社群往往是具有集体主义性质的，在其中成长的人更倾向于考虑所在集体而非自我。难以将自我与所在社群区分开来，就很难建立边界。这也是我一直苦苦挣扎的事情。从我记事起，我就充分意识到我应该扮演的角色：做一个好女儿，即使这意味着我要把我的需求先放在一边，此外，始终将实现集体目标置于实现个人目标之上。我常常感觉自己被束缚住了。如果我做了违背家人意愿的事情，就算这件事对我来说非常重要，我也会感到愧疚。如果我为了让自己感到情绪安全而建立了个人边界，这也会让我感到愧疚，因为这样做也意味着我可能在冒着惹恼我的家人甚至社群的风险。在我 20 多岁的时候，尽管我已不再与东非的社群有联系，这种个人边界建立上的困难还是压垮了我的工作状态和人际关系。直到通过心理咨询师的训练和阅读文学作品，我学会了如何处理这些问题，事情才开始变得更轻松和可控。

我认为我建立边界的困难和讨好别人的需求是有关的——我曾是一名"讨好型人格"者。老实说，在我开始接受训练并且在个人体验中进一步探索之前，我根本不知道"个人边界"在情绪方面意味着什么。即便那样，我也很难在自己的生活中建立健康的个人边界。我无法说出"不"，一旦说"不"，愧疚感就紧随其后，因此我在工作中承担了超出自己能力范畴的事情,并长期与其带来的压力做斗争,经受漫长折磨后出现的症状在我的心理和身体层面都有所表现。在接受会计培训期间,我感到压力"爆棚",不堪重负且精疲力竭,以至于最终在要上班时经历惊恐发作。我无法再忍受在办公室度过的每一天。然后我被诊断患有肠易激综合征。我的体重下降了很多,最终离开了这份工作——最讽刺的是,我加入了另一家更激进的投行并在那里完成了我的会计培训。因此,建立边界的困难一直持续存在。

安妮·凯瑟琳(Anne Katherine)的《界限的划定》(*Where to Draw the Line*)在真正意义上帮我理解了什么是健康地建立个人边界。在她的故事中,在边界问题上苦苦挣扎的人们最终成功摆脱了他们讨好别人的倾向——这让我乐观起来,相信我也能够像他们一样。她写了一些说明如何实际地建立边界的实例。理论上建立边界看起来简单易懂,但实操起来却经常令人绝望。我深信我永远都不会成为那种需要对工作项目说"不"时坚持自己的主张且毫不愧疚的人,或那种要求更多的时间来做决定的人,又或那种在需要个人空间时可以礼貌地告知家人的人。但我发现不管身处多么难以改变的环境和叙事中,改变是有可能发生的。作为一名"讨好型人格"者,我已经学会了讨好除了自己之外的周围所有人。认识到我已经拥有了先讨好自己,再考虑他人需求的能力,这一点足以改变生活。即使我经常会因把自己的需求放在第一位而感到愧疚,但通过文学日记,通过与我的担忧工作后,我发现我可以接受这种新的生活方式。

现在只要有破坏边界的"危险信号"出现,我就能立刻注意到它。如果我感觉到有什么不对劲或很奇怪,我不会再敷衍了事,而是会停下手头的一切去关注它。以往我会说服自己"问题来源于我本身":伴侣认为我过于敏感而忽略了我的情绪表达,某位朋友会一再迟到,另一位朋友只有在他需要帮助时才联系我——这些都是我本该注意到的"危险信号"。我的边界没有得到他们的尊重——也许是我就没有建立个人边界,我没有说"你们不能这样对待我"。因为我的沉默,我也成了破坏我个人边界的一员。

学会识别出边界被侵犯非常重要,但即使我学会了,因为害怕被拒绝和担心伤害到别人,我仍然很难表达自己的感受。我觉得我必须为这些没有被表达出的情绪做些什么。正如安妮·凯瑟琳在《界限的划定》中所写:"我们在边界被破坏的境遇中停留越久,我们受到的创伤就会越多。如果我们不为了自己而行动起来,我们就会失去精神力、智慧、能量、健康、洞察力和韧性。为了我们能够完整地存在,我们必须让自己摆脱边界被侵犯的处境。"

在咨询室里,我与很多来访者一起对他们的恐惧和焦虑进行干预后,我得知应对恐惧的最佳方法之一便是去接受它,尊重它,然后去面对它。为了内心的平静和心理健康,我必须让别人知道我的感受,借此希望我的感受能够获得他人的认可,同时他人的行为也会有所改善。我的愧疚源自我总是把他人的需求置于我的需求之上,而现在我知道我必须把自己放在第一位,尊重自己的需求。否则就是背叛自己。

在书写关于建立健康的个人边界的日记后,我将我的所学付诸实践。令人惊讶的是,有些朋友和亲戚也改变了他们的行为,来适应我新建立的个人边界。当然,也有人没有改变,于是我借此将他们识别出来并将他们剔除出我的人生。突然间生活变得没那么复杂和压抑,不过这个过程是苦乐参半的,因为我不得不放弃一些曾经很重要的人际关系。这有时让我觉得很混乱和艰难,但一旦我完成对这些逝去的人际关系的哀悼,我发觉我可以与这一切平静相处,并继续前行。

成年时期

在完成个人体验和为人父母之后,我在建立个人边界上取得了飞跃性的进步,但仍有一些东西让我耿耿于怀,总觉得好像少了些什么。直到我读了托妮·莫里森(Toni Morrison)的《最蓝的眼睛》(*The Bluest Eye*),我才意识到那是什么。在书中,莫里森直面探讨了黑人社区中的种族主义,作为女性在父权社会中的挣扎以及阶级上的权力动态变化——所有这些都让我感到无比熟悉。尽管莫里森的文字让人深感不安,但仍然引起了我的共鸣,我认为她敏锐地捕捉了我们每个人都经历过的情绪体验,尽管这些情绪的表现形式不是那么激烈:从觉得自己不够好、被排斥到渴望被爱、被接纳。在《最蓝的眼睛》这部小说中,主角皮科拉(Pecola)渴望拥有一双蓝眼睛,而不是她本来的棕色眼睛,这不仅凸显了她内化于心的种族主义,也强调了她对被他人真正看到的渴望。对于皮科拉来说,蓝眼睛象征着美丽,也象征着她极度渴望的被爱、被尊重和被接纳。

皮科拉的故事令我想起我的成长经历:作为一个东非印度裔社群中的女孩所体会到的"无足轻重"的感觉。在我们的社群中男女界限分明,男人被大家默认高人一等。如果生出男孩,那么他们的母亲会收到祝贺;而如果生出女孩,大家会来安慰生出女孩的母亲。女人会负责所有做饭和清洁相关的事务,而男人只需要在客厅休息和谈天说地。尽管女孩们被送去学校甚至海外的名牌大学,但她们的主要职责仍然是满足男人的需求。对于女人来说,婚姻往往意味着放弃职业前景,换而去享受做家庭主妇。至少在我的十几岁和成年早期,我们社群的女性就是这样做的。并且与皮科拉对于"白"的追求很类似的是,在我们的社群中,人们也会有"白皙就是可爱"的偏见。女人的皮肤稍微黑一点儿就会被瞧不起,所以你就会不惜一切代价以避免被晒黑——这在阳光明媚的肯尼亚是非常具有挑战性的。

皮科拉和书中其他女性角色的经历强调了性别歧视和

种族主义的交叉作用：尤其对于有色人种的女性来说，社会对于女性美貌和女性气质的期待可能具有压迫性和伤害性。这种期待创造并维系了权力上的不对等，导致女性（特别是对那些不符合传统美丽标准的女性而言）被边缘化和对于这种期待的屈从。

还有资本和社会地位的问题：你的家庭有多富裕？你有多少兄弟姐妹？你有一个很庞大的（几代同堂的）家族吗？你的家族越庞大，同时你的社会地位越高，资产越丰富，那你就越受重视，因为人脉就是一种"货币"。在成长的过程中，这些信念和无声的社会结构在我心中根深蒂固。我一直都觉得自己不够好：我来自一个小家庭；我是一名女性并且在"白人谱系"中处于一个中间的位置。这些无孔不入的想法从过去到现在一直伴随着我，甚至在我成年后，这种被忽视的感觉仍然渗透进我许多的人际关系与生活体验中。我深信自己并不重要。多年来，社群也在持续发展进步——不再有那么多"白皙就是可爱"的文化，制度也不再那么父权——但年轻时所感受到的"无足轻重"的种子，已经牢牢地埋在我的心中。

我所处的职场环境也加剧了这种"无足轻重"的感觉。我在伦敦从事金融工作时，父权文化仍然存在，办公室仍然以白人和男性为主体。有时我想要走进会议室，鼓起勇气打个招呼，但人们要么是直勾勾地看我，要么就是用他们的肢体语言表示不屑一顾。他们通过他们的反应传达了一个信息：这里容不下一个娇小的英籍印度裔女性。

其他非白人少数族裔的女性亦是如此。这是一个难以置信的、需要艰难生存的世界。

我想分享一下在读完《最蓝的眼睛》后，我写在日记中的感想，我认为是它让我知晓这本书是如何帮助我明确和认可自己的感受的。

> 我在人际交往中遇到过很多问题：难以建立合适的个人边界，"过于友善"和总把他人的需求置于自己的需求之上。在这些困扰中，始终挥之不去的是一种强烈的渴望——渴望被他人关注，渴望让他人明显感受到自己的存在。皮科拉的经历虽然极端，却提醒我们，我们成长的社群与环境会带来如此深的困扰，它们的力量无处不在，会在余生影响着我们感知世界的方式。以至于我们会在之后的人生里无意识地被相同类型的群体（不管是朋友圈还是企业文化）所吸引，因为"无足轻重"的感觉更为熟悉和舒服，相较之下，占据空间和他人视线反而是令人紧张的。
>
> 希望被看到、被倾听、被见证是最原始的渴望。我们这些从小就得满足他人（通常是得满足男性）的和将他人的需求置之于我们之上的人，经常会感到自己从来没有被认可过，以至于我们的情绪、需求和渴望都被忽视。作为幼苗，我们得不到足够的养分和照料，只能在烈日下自生自灭。

语音日记

虽然我明白是什么促使我渴望被看见,但问题在于如何"解决"它。这种空虚的感觉始终不肯消失,我像在没有星星指路的天空中航行。这一次我没有写下我的想法,而是用语音记录它。我开始给自己语音留言。我告诉我的内在小孩,那个被忽视了很久的孩子,我会一直在这里陪着她。我理解她的痛苦。我也对她一直如此孤独而感到抱歉和遗憾。然后我哭了,我让我自己去感受这种痛苦、悲伤、受伤、被遗弃和恐惧的感觉:所有来自我的童年并且没有被完全解决的情绪。

语音日记:如何生效

语音日记的妙处在于,你可以捕捉到最纯粹的原始情绪。语音记录的形式能对你当下的感受进行精准快照,它可以为你提供一种释放沮丧、恐惧和愤怒的方式,并将这些情绪转化为更有裨益的东西。

从生理感受来说,当我们说出自己的感受时,紧绷的肌肉会放松下来。心理和生理上都会有一种释放压抑情绪的感觉。你开始理解你所写的日记和你的感受。然后突然间,重要的事情就会凸显出来,比以前更清晰了。

近期纽约的一些研究人员也认为语音日记是一种有益的反思性练习,他们与耶路撒冷、加沙和纽约的青少年协作，记录这些青少年通过语音日记进行自我反思的经历。[28]

语音日记和文学日记有哪些不同

语音日记更吸引那些感觉用言语说出想法比在纸上组织语言更容易的人。对于那些听觉比视觉更敏锐的人来说，这也是一种很好的方法，因为他们发现听比看更易于接收信息。对于识字率较低、有语言困难或障碍的人来说，语音日记尤其有用。

回听录音会实打实地从感官上让你感到自己的声音被听到、被理解和被认可，这是你在重读文字形式的日记时可能没办法直观体验到的。

语音日记还能捕捉到你语句背后的情绪状态，而这往往是书面文字中所不具备的。例如，"我需要改变"在书面中可以有多种不同的解读方式，但语音形式的记录则可以直接表明这句话背后的意图。

练习录制语音日记让我释放了心中的痛苦。我感觉自己松了一口气，并且能继续前行。通过回听这些语音记录，长大了的我见证了这些痛苦。我感到很安全，仿佛我的感受得到了认可甚至理解。通过回听那些难熬的感受，我的大脑仿佛接收到了我被听到的信号——我不需要别人来听到这些或来倾听我。这种自我认可既是一种解放，也是一种疗愈。我感觉我开始长高，我的肩膀开始舒展，身体也逐渐放松。无论从身体还是心理上，我都感到更加轻松。我不再需要躲躲藏藏，我允许我自己占据空间，存在得更明显。

自我肯定

无论是作为自我表达的一种形式，还是作为建立自尊、培养和强化更积极的生活态度的方式，言语对我来说总是能帮上大忙。我认为这也是我发现积极的自我肯定是如此强大的原因。我所说的"积极的自我肯定"是指一些简单的陈述句，比如：

> 我很重要。
> 我的感受很重要。
> 我的存在很有价值。
> 我值得无条件的爱和关怀。
> 我正在恢复。
> 我的需求很重要，所以我必须尊重我的需求。

积极的自我肯定：如何生效

积极的自我肯定是用来强化对自己、他人乃至世界的积极信念或态度的语句。积极的自我肯定的起效逻辑是,不停地重复这些语句,可以帮助一个人转变心态,培养更积极的世界观。2013年由戴维·K.谢尔曼(David K. Sherman)发表的一篇文章中整合了关于使用自我肯定的各种研究,文章指出,积极的自我肯定能够减轻生活中的挑战与威胁等压力所带来的影响,并且这种减轻的效果会持续很长时间。[29]

为了让积极的自我肯定生效,重要的是选择能够引起你个人共鸣的语句,并且这些语句能够反映你想要培养的心态或态度。有些人认为每天大声重复几次他们的自我肯定的语句很有帮助,而另一些人则喜欢把它们写下来或在脑海中想象出来。这个做法需要花费一些时间才能够对我们的自尊、心态和世界观产生明显的效果,因此耐心和坚持使用自我肯定很重要。

离开银行前,我在训练期间接受个人体验时会大量地使用自我肯定和语音日记。我将咨询技术分为主动技术和被动技术。主动技术,比如记日记和角色扮演,需要来访者在咨询过程中积极主动地参与和投入。而被动技术则要求来访者在咨询中更多地扮演被干预的人,比如被引导着将想象可视化,或就阅读治疗而言,让来访者在不使用任何阅读治疗技术的情况下自由阅读。主动技术和被动技术在咨询和治疗中都有一席之地。在阅读治疗中,我发现主动技术能对阅读这种较为被动的活动进行补充，使参与者能够在阅读中尽可能获得更多的收获。

自我肯定和语音日记成了我的救命稻草，从此之后我就一直使用这两种方法。几年前，我丈夫的工作令我们不得不搬去洛杉矶两年。当时即使取得了心理咨询师资质，我仍然继续在投行工作。不过在业余时间，我一直在缓缓进行阅读治疗实践。然后在2017年，当我们搬去旧金山时，我终于感觉可以离开银行业，全身心投入阅读治疗中了。起初我总是一个人在家照料年幼的宝宝，同时备孕二胎，因此在此期间我会感到孤单和思乡。但是这些主动技术一次又一次地拯救了我，抚平了我的彷徨和焦虑。

文学反思练习

我发现另一种有助于建立自我意识（尤其是在情绪和思维方面）和提高问题解决能力的有效技术，就是我所说的"文学反思练习"。

文学反思练习：如何生效

顾名思义，这种方法就是对所读的文章内容进行反思，然后利用刚刚获得的洞察力来确认你自己的需求和目标。然后你可以为自己制订一个个人发展的行动计划，监控和检测你在满足这些需求和实现这些目标方面的进展。

虽然文学反思练习和文学日记有一些相似之处，但其中一个主要区别就在于，文学反思练习提供了一种更有条理的、目标导向的方法，来与文本引发的感想和情绪进行工作，而文学日记则是以一种更为自由的方式进行表达性写作，可以释放压抑的情绪。我认为文学反思练习是自我提升的理想框架，而文学日记是实现自我表达的完美方式。

文学反思练习框架

要进行文学反思练习，需要使用如下的框架和结构。

- 基于你想进一步探索的主题和问题选择文本（诗歌、小说、回忆录、长篇漫画或任何其他种类）。（关于如何选择文本，请参考第 11 章。）
- 反思故事中的人物或故事引发了你的哪些感受、你可能从中获得了哪些启发，以及你从故事中吸取了哪些教训。
- 你可能需要在咨询、治疗或阅读治疗中，或者与朋友和家庭成员讨论你所获得的上述感悟，来收获不同的观点和见解。
- 根据以上的反思和讨论结果，确定你的需求和目标。

> ♥ 制订一个包含行动要点的计划来实现这些目标。
> ♥ 监控、检测和评估你的进展。
>
> 有关如何实际应用文学反思练习的更多细节,请参考第 5 章、第 9 章和第 10 章。

感恩

感恩是一种强大且令人心旷神怡的情绪,能让我们瞬间振奋起来。南加州大学大脑与创造力研究所的研究员和脑神经科学家于 2015 年进行的一项研究[30]指出,沉浸在他人充满感激之情的表达中,也能让我们在自己的生活里变得更加感恩(请参考第 73 页"阅读感恩故事:如何生效"了解这项研究的更多细节)。

我坚持每周一次的感恩练习,重读三个感人至深的感恩故事。我的首选书是路易莎·梅·奥尔科特(Louisa May Alcott)的《小妇人》(*Little Women*),伊迪丝·伊娃·埃格尔(Edith Eva Eger)的《拥抱可能》(*The Choice: Embrace the Possible*)和克莉丝汀·汉娜(Kristin Hannah)的《夜莺》(*The Nightingale*)。虽然这些书在题材和所处历史时期上不尽相同,但它们都向我重申了感恩的力量,帮我在逆境中获得希望和快乐。阅读那些在极端逆境中仍心存感激且继续前行的故事,让我感到不再孤单，并激励我对生活中理所应当的事情心怀感恩。

在2021年进行的另一项研究[31]中，一组女性被试被要求定期进行感恩练习，其中包括写下她们生命中感恩的人。在进行练习后，被试的大脑活动成像显示，杏仁核（也就是我们大脑中对恐惧和焦虑有反应的部分）的活跃程度有所降低。研究结果表明，进行感恩练习能够激活有关奖励、愉悦和正向情绪的神经通路，而反过来这些通路又会抑制杏仁核的活跃，进而减少与恐惧相关的反应。研究人员也进行了血液采样来进行炎症评估，发现她们体内的炎症症状总体上有所减轻。此外，研究人员还测量了女性被试的压力和焦虑水平，这些也在感恩练习后有所减轻。以上发现有力地证明了感恩练习对我们的心理健康和福祉大有裨益。

阅读感恩故事：如何生效

2015年，大脑与创造力研究所要求被试们观看一系列讲述大屠杀幸存者的纪录短片。[32] 然后他们需要阅读一些语句，这些语句会引导他们想象自己是大屠杀幸存者，在好心人的帮助下免于一死，比如，"你已经病了几个星期，一个曾是医生的囚犯找到了药并救了你的命"。

为了测试感恩的力量，科学家们用功能性磁共振成像（fMRI）来扫描被试的大脑活动，以评估他们对于纪录短片和后续语句的反应。fMRI 图像显示,当被试开始想象好心人的善举时,他们大脑中与感恩情绪相关的区域会亮起,就好像他们真的经历了这一切一样。这意味着共情他人的经历(在这个例子中是电影作为媒介,不过同样的现象也发生在阅读活动中)能够真正激发我们的感恩之情。

如要进行这种练习,需要选择能够打动你的感恩故事并尽可能有规律地阅读它们。这可以是每周一次,半个月一次或一个月一次,具体取决于你的情况。当你情绪低落或伤心时,准备一份紧急阅读清单也许会帮助(请参阅第 236 ~ 327 页的"书籍处方大全")。

哀伤与诗歌

我们在旧金山的生活结束于新冠疫情暴发前的第八个月,然后我们彻底返回了伦敦。不幸的是,疫情期间,我仍然住在肯尼亚的奶奶去世了。就在那之前三年,我已经失去了我的姥姥,现在我又要面临另一场极度悲伤的丧亲,令人感到尤为痛苦。尽管年幼时我们的关系并不融洽,但我的奶奶与姥姥早已在我人生中扮演了很重要的角色,因此成年后的我和她们两位都很亲近。她们热衷于阅读古吉拉特语的报纸、书籍和杂志,这些都激发了我对于文学和语言的热爱。我对于奶奶[一]和姥姥[二]的记忆将一直是我珍贵的纪念品。

她们的离世触发了我巨大的丧失感,令人感到人生苦短。我需要寻找一种方式来消化我的哀伤,和往常一样,我选择了阅读。心理治疗师梅根·迪瓦恩(Megan Devine)的《拥抱悲伤》(*It's OK That You're Not OK*)通过阐述我们所爱之人会活在我们的心中,来引导我走出悲伤。如果留意观察,就能在我们所做的一切事情中看到他们的痕迹:这些都体现在我们吃饭、生活、思考和写作的方式里。我的悲伤需要释放,因此我通过诗歌来表达我的痛苦。

回忆

回忆已经结束。
随着每一天的过去,
回忆都变得更有意义,
好似古董的价值,随着时间而改变。
即使变得模糊,
它们的价值与意义愈发深沉。
我们开始改写回忆,
在我们的脑海中塑造它们,

[一] 原文为 Dadima,似是印地语中"奶奶"的意思。——编者注
[二] 原文为 Nanima,似是印地语中"姥姥"的意思。——编者注

眷恋着那些令人回味无穷的时刻，

怀旧的心情令人茫然失措。

我们开始用另一种方式珍惜回忆，

也许这才是它本来的样子。

回忆在脑海中找到了永恒，在我们心中的地貌环境中。

像地表裂痕一样，提醒着我们丢失的东西。

但这也是我对已不复存在的人、时代和某个瞬间表达

仰慕的证明。

我发现写诗具有极大的宣泄作用，因为它能帮我理解我某一天的感受，这也是为什么写诗对消化哀伤尤为有效。

写诗：如何生效

诗歌是强烈情感的自然洋溢；它源自宁静中汇聚的情感：对这种情感进行深思，直到宁静因某种反应而消失，然后另一种与之前深思的主题相似或相关的情绪会油然而生，让自己真正存在于心中。

威廉·华兹华斯

诗歌疗法是一种表达性疗法，通过使用诗歌来促进情绪和心理上的疗愈效果。它基于这样的理念：读诗、写诗和探讨诗歌可以帮助个人探索自己的情感，洞察自己的经历，并提高自我意识。

诗歌提供了一个机会，让你去坦白一些私密或艰难

的事情，而最好的诗歌往往是发自内心的。因此你获得了一种专注你的内心，表达你的情绪和理清你的想法与感受的方式，这种方式也是具有创造性的。一旦你写出了诗歌，你会感到一种令人欣慰的平静，因为不必再背负还未坦白的情绪负担。

如果你没有自己写诗的习惯，你会发现启动很难，但通过练习会变得容易一些。关键是让你的思绪流淌，然后写下在脑海中浮现的东西。不要压抑它们，放手让情绪、文字和画面展开。有时先写下来会更容易一些，然后再来回顾你写下的内容，添加换行和调整句式会让你的诗歌更加连贯——不过也可以写一首抽象的诗。金·阿多尼兹奥（Kim Addonizio）的《诗人必读：诗歌写作快乐指南》（*The Poet's Companion: A Guide to the Pleasures of Writing Poetry*）是一本关于写诗的好书。这本书囊括了可写的主题和有用的技巧，可以帮忙解决写作时的自我怀疑和创作瓶颈，书中也介绍了如何应对写作中的高潮与低谷状态。

在第75页中呈现的我写下的诗，写后被我晾在一旁，几个小时之后我才重新阅读它。这样做的目的是休息（休息时间是随机的，可以是几个小时乃至几天）后重读，来查看你的感受是保持相似还是变得不同。

这个过程可以很有仪式感。在我重新阅读时，身边有点燃的蜡烛，我能感受到我的奶奶和姥姥就存在于蜡烛的阴影中。直觉告诉我，我并不孤单，她们将永远是我生命中的一部分。我的思绪飘向著名思想家诺姆·乔姆斯基（Noam Chomsky）在纪录片《高个的男人快乐吗？》(*Is The Man Who Is Tall Happy?*) [33] 中关于心理连续性的观点：乔姆斯基问，当我们从柳树上砍下一根树枝，然后将其插在地里，长成一棵与原树完全相同的复制品时，会发生什么？它还是原来的那棵树吗？或者它其实是一棵全新的柳树？将这一比喻延伸到人类身上，我会好奇在我们诞生时发生了什么：我们仅仅是父母和祖先的延续吗？还是我们本身就是全新的、独立的个体？这个问题困扰了人类几个世纪。那天夜里，当我重读我的诗时，我再次想起我的奶奶和姥姥。在文学作品的指引下，我找到了丧失的意义：我陷入了深刻的自省和思考中，重新衡量什么对于我的生活更有意义，而阅读疗法是这个过程的重要组成部分。我一字字、一句句地消化了我的情绪、悲伤，重新确认了我要过更有意义的生活的目标。我感到很满足，尽管我知道在这个领域还有很多事情需要我去做：其中一部分便是帮世界各地的读者提高对于阅读治疗的认识，让其疗愈功效能够被传播。一些读者可能也会从书中获得慰藉和疗愈，不过对于大多数人来说，阅读治疗的概念仍然是新奇乃至陌生的。

阅读治疗工具箱

本章提及的阅读治疗技术：文学日记、阅读感恩故事、文学反思练习、写诗

推荐用于：培养感恩之心和缓解痛苦情绪

辅助治疗技术：语音日记、积极的自我肯定

推荐用于：渴望被倾听、被理解以及寻求自我认同的人，需要增强自信和激发动力的人

书籍处方：

朱迪·布鲁姆的《你好，我是玛格丽特》

乔治·艾略特的《弗洛斯河上的磨坊》

安妮·凯瑟琳的《界限的划定》

托妮·莫里森的《最蓝的眼睛》

梅根·迪瓦恩的《拥抱悲伤》

阅读治疗技术应用：要点和练习

文学日记：要点

- ♥ 记录下你所读过的所有书籍和它们带给你的影响。
- ♥ 无论好坏，写下文学作品所引发的你的情绪。
- ♥ 表达不需要的负面情绪有助于释放它们，进而实现情绪调节。书写不愉快的经历也被证实能够降低高

血压，减轻慢性疼痛的症状，改善情绪和睡眠质量，增强免疫力。
- ♥ 使用下述流程来指引你书写文学日记。
  - 选择能够真正引起你共鸣的文学作品（如果感觉没有思路，可以查阅第90页的"读者性格与阅读种类匹配"测试）。
  - 画出重点，书写日记并进行反思。
  - 归纳整合。

练 习

写15～30分钟的日记。写下在脑海中浮现的任何东西，让文字和想法自然浮现在纸上。这里有一些提示可以帮到你。

童年

问题1：你孩童时最喜欢的书是什么？

提 示：这本书的哪些部分能引起你的共鸣？这本书是否有一部分塑造了现在的你？

问题2：在你童年时，是否有一个你想要逃去的文学世界？

提 示：这个世界有什么吸引人的地方？

问题3：你认为学校应该向每个人教授哪本书？

提 示：这本书是你需要重温的内容吗？

成年早期

问题4：你有没有在短时间内狂读过某本书？

提 示：迷失在书里是一种怎样的感觉？

问题5：是否有一本书是你童年和青年时期都很喜欢的？

提 示：你在两个时期内对它是否有同样的感觉？还是它摧毁了你对这本书的美好回忆？

最近阅读的书

问题6：你现在正在读什么书？是什么吸引你读这本书的？

提　示：是书的封面，书的简介，还是因为朋友推荐？

问题7：如果让你给你最喜欢的书写一篇书评，你会写什么？

提　示：哪些内容引起了你的共鸣？哪些内容令你稍感不适？

问题8：你倾向于一次只读一本书，还是在同一时期读好几本书？

提　示：你可以将这个问题的答案与你生活的其他方面做一个对比吗？

阅读的高光时刻

问题9：哪本书是你的"安慰型读物"？

提　示：这本书在哪方面吸引了你？

问题 10：你是否在很短的时间里记住过某本书的某段话？

提　示：能快速记住的原因是什么？这段话对你来说有什么重要意义？也许它值得你将其写下来并且永久展示在家中的某个地方。

人物

问题 11：你是否曾经八卦过某个书中的角色？

提　示：八卦之下的内容有时富有教育意义——你从这些角色和他们的行为之中学到了什么？这可能会揭示出一些关于你的事情。

问题 12：哪本非虚构作品让你发现了一个你从未遇到过的优秀人物？

提　示：你为什么会钦佩这个人？

回看

问题 13：回头重看你的日记。你对自己写下的内容有什么感受？有发生什么变化吗？是否有熟悉的行为模式在重复？

_____

_____

_____

提　示：对你所写下的内容和当下感受进行反思，然后写下下一步的行动要点。

文学反思练习：要点

请见于第 71 ~ 72 页的"文学反思练习框架"。

练　习

对于我的来访者来说，阅读诗歌和对其进行反思一直是一个非常有效的解压方式。我一直以来最喜欢的解压诗是 W.H. 戴维斯（W. H. Davies）的《闲暇》(*Leisure*)：

> 如果我们忧思重重，生活将会怎样？
> 我们将无暇驻足凝视。
> 无暇在枝下伫立，
> 像牛羊一样长久地注视；

无暇观看,穿越森林时,
松鼠在草丛的何处把坚果藏匿;
无暇观看,明媚阳光中,
波光粼粼的溪流,宛如夜晚的天空;
无暇为了美神的一瞥而回顾,
观看她的双足如何跳出曼妙的舞步;
无暇等到她的嘴角,
衬映出双眸里的笑意。
这样的生活将多么可怜,如果我们满怀忧愁,
甚至无暇驻足凝视。

这首诗给你带来了怎样的影响?对我来说,这首诗通过描绘秋日的景色,让我感到与大自然有联结感。然而这首诗也让人感到苦乐参半,因为它哀叹了当我们没有真正在生活,只是消磨时光时,生命就会快速流逝。这敦促着我们停下脚步并且重新审视我们的生活。它所带来的悲伤和"空虚"会让我们重新去认识我们内心的感受。它鼓励我们要更加专注地享受当下。经过这些思考,我设立的目标之一便是花更多的时间在大自然中,欣赏大自然的美,并且享受大自然能够带来的平静与安宁。

你可以根据你想关注的主题来选择一首诗或一本诗集,试着探讨其他问题(请参考第12章中关于心理

健康主题的诗歌推荐)。阅读你所选的诗并且对其进行思考:这首诗给你带来了什么启发?

阅读感恩故事:要点

- ♥ 通过阅读他人心怀感恩的故事,我们的内心也会充满感激之情。
- ♥ 让大脑回路被真正激活,帮助我们感到更加满足和放松。
- ♥ 每周、每半个月或一个月(或任何适合你的频率),选择一个主人公或作者表达感激之情的感恩故事来阅读。
- ♥ 当你情绪低落或伤心时,阅读感恩故事是一种很有效的缓解方法,所以为此提前准备一份感恩故事的紧急阅读清单也许会有帮助。

练 习

- ♥ 选择一个主人公或作者表达感激之情的故事。它可以是小说、回忆录、短篇小说甚至诗歌。
- ♥ 思考阅读这样的故事给你来带了怎样的感觉。
- ♥ 一本对诗歌写作有帮助的书:金·阿多尼兹奥的《诗人必读:诗歌写作快乐指南》。

写诗：要点

- 诗歌为你提供了一个机会来坦白一些私密或艰难的事情。这种方式可以释放不需要的情绪，进而缓解我们的问题，让你清晰地向前走。
- 让你的思绪流淌，写下在脑海中浮现的东西。放手让你的情绪、文字和画面展开。
- 你可能会发现这样写更容易一些：先写下来心中想到的任何东西，然后再调整诗歌结构，添加换行和调整句式。

练 习

- 如果你感觉遇到了瓶颈，可以参考以下建议展开诗歌创作。
- 说出你现在的感受并用四行诗来描述它。
- 聊聊你的恐惧。
- 聊聊你的缺憾。
- 聊聊你的梦想。
- 专注于一个有震撼力的画面并且描述它。
- 写写激励你的事。

辅助治疗技术：要点和练习

语音日记：要点

- ♥ 语音日记能够通过录音的方式捕捉你的想法和感受。
- ♥ 通过这种方式表达情绪，你原本感到的压抑能够得到释放。
- ♥ 你能感到被倾听、被理解、被承认和被认可。
- ♥ 从生理感受来说，紧绷的肌肉会放松下来，你在心理和生理上都会有一种释放压抑情绪的感觉。
- ♥ 你开始理解你所记录的内容和你的情绪。重要的事情会凸显出来，比以前更清晰了。

练 习

- ♥ 每当你感到富有挑战的情绪（悲伤、迷茫、愤怒或恐惧）时，通过录音工具或其他类似设备来记录你的感受。
- ♥ 回放语音记录：它给你带来了什么感觉？听过自己的声音、情绪和感想后，你是否感觉好多了？这让你感到更轻松吗？你是否感觉受到启发，或者对处理手头的困难或问题有了更好的解决办法？
- ♥ 必要时，重复进行语音日记的练习。关注感受强烈的情绪，让它们获得更多注意并尊重它们。通常我们会忽视痛苦的情绪，但这个练习的目标是让我们更快地认可和关注它们。这是疗愈过程的开始：释放这些被忽视和压抑的情绪。
- ♥ 如果以上步骤有帮助，请进一步思考你所听到的内容。你是否已经改变了你的想法？你现在的感受是否发生了变化？是更好还是更糟？归纳总结你的思考和收获。如果仍有帮助，为下一步的推进制订一套可行的行动方案。

积极的自我肯定：要点

- ♥ 积极的自我肯定是一些能够强化对自己、他人乃至世界的积极信念或态度的语句。
- ♥ 不停地重复这些语句，可以帮助一个人转变心态，培养更积极的世界观，进而使其能够成功面对挑战。
- ♥ 选择能够引起你个人共鸣的语句，此外这些语句能够反映你想要培养的心态或态度。
- ♥ 每天大声重复自我肯定语句，必要时可以更频繁地重复。
- ♥ 耐心和坚持，因为这个做法需要花费一些时间才能产生明显的效果。

练 习

- ♥ 制订一套有助于你实现未来目标和心理健康的自我肯定的语句,以下是一些帮助你开启思路的语句。
- ♥ 我珍视我的身体,我感激它为我所做的一切。
- ♥ 我每天都在朝着成为更好的自己前进。
- ♥ 我会获得各种美好的人际支持。
- ♥ 我值得拥有幸福、健康和爱。
- ♥ 我每天都在做我所热爱的事情。
- ♥ 确认你需要多久将其大声阅读一次。可以是每天一次,或许在早上或睡前。如果你想的话,可以增加到一天两次。
- ♥ 坚持是关键:旨在将其培养成长久的、定期练习的习惯。
- ♥ 如果需要,可以根据你的情况调整自我肯定的内容。

测试:读者性格与阅读种类匹配

1. 你认同或渴望成为哪种类型的角色?
   a. 能够突破困境,表现出坚忍不拔的品质的角色。
   b. 即使与心理问题做斗争,也能够掌控自己情绪的角色。
   c. 用幽默应对困境的角色。
   d. 通过自己独特的品质或能力找到内在力量的角色。

2. 哪种类型的冲突最容易引起你的共鸣?
   a. 与创伤体验或生活困境相关的冲突。
   b. 与个人成长或自我发现有关的冲突。
   c. 与人际关系或沟通交流有关的冲突。
   d. 与感觉像局外人或身份认同有关的冲突。
3. 哪种环境会让你感觉安全和舒适?
   a. 真实的、熟悉的,能够让你想起家或其他你已知的地方的环境。
   b. 能够反映出你的文化背景或传统习俗的环境。
   c. 充满趣味和想象力,但仍立足于现实的环境。
   d. 与你自身经历完全不同,能够让你探索全新视角和可能性的环境。
4. 哪类主题能够引起你个人的共鸣?
   a. 与克服逆境和恢复韧性相关的主题。
   b. 与心理健康和自我照料相关的主题。
   c. 与幽默和在生活中寻找快乐相关的主题。
   d. 与探索内在力量和获得独特品质相关的主题。
5. 你想通过阅读探索或消化哪种情绪?
   a. 与过去的创伤或困境相关的恐惧或焦虑。
   b. 与个人成长和生活变化相关的不确定感或困惑。
   c. 与人际关系相关的愉悦或幸福感。
   d. 与寻找内在力量和接纳自我、身份认同相关的被赋权或被激励感。

测试结果

如果选 a 最多——回忆录、自传或自助类书籍：如果读者认同那些克服逆境，表现得坚忍不拔的人物，那么他们可能会在阅读回忆录、自传或自助类书籍时感到振奋和充满希望。

如果选 b 最多——青年小说或现代小说：如果读者能够对那些挣扎于心理问题并且获得个人成长的故事感到共鸣，那么阅读那些探讨人类经历复杂性的青年小说或现代小说会比较有帮助。

如果选 c 最多——幽默故事：用幽默应对困境的读者可能会通过阅读幽默故事或轻松的故事来寻找放松和慰藉。

如果选 d 最多——奇幻或科幻小说：如果读者通过自己独特的品质或能力获得了内在力量，那么他们可能会喜欢阅读奇幻或科幻小说。

以上都是一些笼统的方向，读者可能会在多种体裁和主题中获得疗愈。这个测试提供了一个开始的思路，以帮助那些正在寻找在个人层面能引起共鸣的书的读者。

> 一个人不应该害怕死亡,而应害怕从未开始生活。
>
> 马可·奥勒留
> 《沉思录》(*Meditations*)

第4章

塔蒂亚娜

来访者备注

塔蒂亚娜在被诊断出喉癌后,希望能够处理失落和抑郁的情绪。作为一个喜欢读回忆录的读者,她希望能够阅读其他癌症患者的经历。

"阿列克谢经常说我很抑郁。我几乎不离开家,相反,我会穿上睡衣,窝在床上的被子里看书。"

在塔蒂亚娜来找我咨询的时候,37岁的她和伴侣阿列克谢已经交往六年了。塔蒂亚娜一直饱受持续的喉咙痛、疲劳和严重的胃食管反流的折磨,她把这些归咎于吸烟习惯,并且也在服用药物。等到被诊断的时候,她的癌症已达四期,家里的气氛很紧张。在癌症出现之前,她和伴侣的关系已经有一定压力,而诊断结果进一步加剧了塔蒂亚娜已有的不满。

塔蒂亚娜和阿列克谢是在工作中相遇的,他们当时都是伦敦一家有声望的软件公司的信息技术顾问。关系的早期阶段很令人兴奋,但随着时间的推移,他们之间的火花开始暗淡。尽管两人不止一次讨论过结婚的事情,但谁也没有继续推进。关系中的日常和单调掩盖了两个人迈向下一个阶段的愿望,他们现在感到双方都已经来到了一个十字路口,必须要认真考虑关系的未来了。他们应该继续在一起吗?

尽管鉴于塔蒂亚娜最近的诊断，关系问题不是她的主要关注点，但这个问题始终在他们两人的脑海中萦绕，挥之不去。她的喉癌——准确来说是食管癌——具有很强的侵袭性。医生告诉塔蒂亚娜，她最多只剩下一年的时间，塔蒂亚娜完全无法相信，整个情况像做梦一样不真实。她从未想过在37岁时，就如此接近生命的终点。

很快，这种不相信转变为愤怒。塔蒂亚娜渴望得到答案，她想知道为什么这一切会发生在她的身上。面对绝症的诊断，塔蒂亚娜已经开始为自己生命的丧失而悲伤，应对着悲伤的五个阶段：否认、愤怒、讨价还价、抑郁和接受。她需要一些东西将自己从笼罩她的乌云中拯救出来，一些能够终结她凌晨五点的惊恐发作的东西。她心中的一部分想要和其他癌症患者建立联系，她想要向他们提问。但是，与他人建立联系就意味着接受她的诊断，而她还没有准备好这样做。相反，塔蒂亚娜希望通过艺术，尤其是文学，更好地理解自己的处境，这也是她来找我咨询的原因。

"既然你喜欢阅读回忆录，那要不就试试读一本回忆录？这可能会让你感觉更安全和少一些紧张感，甚至还能验证一些你的焦虑和担忧。"我建议道。

"这个主意不错，我确实需要一些东西帮助我找到当下正在经历的一切的意义。"塔蒂亚娜赞同地回应。我听到她说话时声音有些沙哑，她清了清嗓子，继续说道："知道自己命不久矣是令人恐惧的，一切都变了。我不知道自己还能做些什么。我需要去了解其他人如何度过这样的时光，以及他们是如何应对的。我自己就是会忍不住地感到非常悲伤和空虚。"

塔蒂亚娜的感受是正常的，对于癌症患者来说，寻找那些通过自身经历来提供答案的其他人是很常见的。

"你能和阿列克谢讨论癌症的事情吗？他的想法是什么？"我问道。通过这样的提问，我试图了解更多关于他们在家中的关系，以及这一重大消息带来的影响。

"能，也不能，"塔蒂亚娜犹豫了一下，然后继续说道，"他白天的工作很忙，然后为了能赚更多的钱存下来，他晚上还在网上教象棋。"

我对于这个答案有一点儿顾虑，于是问道："你们俩有时间互相聊聊彼此每天发生的事吗？"

塔蒂亚娜不情愿地说："我们其实很少聊天，日子一天天就那么过着。我们感觉就像室友，各自过各自的生活。"

我感觉到一阵深深的悲伤涌上心头，于是我开始意识到，似乎有些事情不太对劲了。

塔蒂亚娜继续说道："我们可能本来就不算在一段亲密关系中了，现在又有了癌症，我真不知道事情最后会怎么样。我甚至觉得他压根都注意不到我了，比如我穿的衣服好不好看，或者我是不是换了新发型，又或者我多花了些什么心思，他都不在意了。"

塔蒂亚娜声音中的孤独感，再加上令她非常痛苦的癌症诊断，让我感到十分担忧。

"你有跟他讲过你的感受吗?"我温柔地问。

"没有,当然没有。我们在一起这么久了,我相信他察觉到了我的感受,但他只是没那么在意。"

我不确定这是否完全属实,而且我在想,阿列克谢是否只是不知道如何表达他的在意。

塔蒂亚娜垂下了她大大的棕色眼睛,突显了她额头上的细微皱纹,她似乎看起来比实际年龄要苍老。她开始有些回避,思绪似乎转移到了她自己的内心世界中。

我不得不将她带回到当下的时刻。

"塔蒂亚娜,跟我讲讲你的童年吧。你在哪里长大?你和父母的关系如何?"

"哦,我是在圣彼得堡和祖父母一起长大的。我的父亲在我和妹妹很小的时候就去世了。我其实不太了解他,我的母亲也几乎没怎么跟我谈论过他。我们全家四口有一些合照,照片中的我们看起来很幸福。当我五岁、妹妹三岁时,我的母亲搬到了伦敦。她遇到了一个英国人,所以决定在这里找一份记账员的工作。后来我和妹妹来到英国上大学,和她团聚了。毕业后我找到这份工作,最终留下来了。然后,你知道的,遇到了阿列克谢,那留下来也就顺理成章了。"

我从她那种无奈的姿态中看出,她已经接受了事情就是这样,并将继续如此的现实。她感觉自己像是自己生活中的旁观者,这种感觉导致了她的无力感,而这种无力感似乎能帮助她继续维系关系以及保持稳定的现状。她似乎不愿意动摇现状，担心这样会把自己推向深渊。这是她的防御机制，这个机制一直在帮她维持现状，直到她的癌症诊断出现，这种现状的维持才被打破。

我知道对于塔蒂亚娜来说，在成长的关键期中，没有母亲在自己身边，是极其不容易的。缺席的父母可能会引发一种被遗弃的感觉，这种感觉可能还会持续多年，并对我们未来的关系产生严重影响。塔蒂亚娜选择了阿列克谢这样一个在许多方面都无法付出情感的人，这镜映出了她和母亲早期的亲子关系。在生活中，我们倾向于相信自己配得上我们一直拥有的东西。为了改变这些不利且常常有害的信念，我们可以借助各种形式的治疗，包括阅读疗法。通过治疗，尽管在这个过程中我们会不可避免地失去熟悉的东西，但我们可以开始切断负面思维的循环，然后迎接改变。这个过程中要经历的丧失会很痛苦，这也使得治疗过程更加艰难。

我希望塔蒂亚娜知道，她在目前的困境中并不孤单，还有其他人走过这条路，并且在与癌症斗争的挑战中带着勇气和目标。我建议她阅读保罗·卡拉尼什（Paul Kalanithi）的《当呼吸化为空气》（*When Breath Becomes Air*），这是一本神经外科医生面对肺癌诊断的回忆录。这本书在我们的大部分治疗会谈中被反复提到，除此之外还有奥黛丽·洛德（Audre Lorde）的《癌症日记》（*The Cancer Journals*）和露易丝·海（Louise Hay）的《生命的重建》（*You Can Heal Your Life*）。这些书提供了对癌症经历及其复杂性的深刻见解，只有文学和语言才能做到这一点，它们为塔蒂亚娜提供了能够帮助她表达自己可能的经历所需的语言。通过文学人物的故事和经历，我们可以获得了解自己挣扎的洞察，并带着更充分的自我理解和自我怜悯，找到面对挑战所需的力量和勇气。

与朋友、家人，甚至是训练有素的治疗师的对话，仍然难以重现书籍中那种艺术化的语言和体验。文学从不回避那些难以讨论的或痛苦的话题，而是提供了经过精心构思和制作的信息，从而温柔地唤醒读者可能正在经历的潜在情感。从神经学角度来看，我们的大脑被设定为对叙事做出反应，因为故事会激活大脑中多个与语言处理、感官知觉和情感调节相关的区域[34]。当我们听到一个故事时，我们的大脑会模拟文学人物的经历，使我们能够间接体验他们的情感、思想和行为。故事、结构以及揭示纯粹困难的主题的意愿等元素，在我们与家人、朋友和治疗师的对话中可能会缺失，这让我们更难与他们产生联结，更不用说与我们自己曾经失落的自我部分产生联结了。文学有一种神奇的能力，它能够在我们最脆弱的时候拯救我们，把我们带到安全的岸边，并安慰我们，让我们知道自己并不孤单，一定会得到支持。

我建议塔蒂亚娜除了阅读之外，还可以进行写作和反思，记录和思考自己产生的感受和观察。

文学日记

塔蒂亚娜发现文学日记（参见第53~57页）有非常大的宣泄作用。在日记中，她写道：

> 这个诊断感觉就像一颗炸弹在我前面爆炸，实在有太多情绪了，比如否认、不相信、震惊、愤怒、恐惧和悲伤。这些情绪给我带来了极大的痛苦，在不同时刻占据了我的不同部分。我仍在处理这一切，这让我感到不堪重负和筋疲力尽。随着我逐渐适应了，我不得不思考我要跟其他人说什么，而想到这件事就让我焦虑。我看到了在《当呼吸化为空气》中，保罗·卡拉尼什是多么轻松地向朋友和家人倾诉，把他们看作盟友，我也想找到这种信心、勇气和对他人的信任，相信他们会在我需要的时候给予帮助。我列出了我希望别人知道的一些事情，这是我用来管理我的焦虑和对待他人期望的一种方式。

- ♥ 请耐心一些，我正在努力与自己的新身份和解。
- ♥ 请主动联系我，这样我会感到一种联结感。
- ♥ 请不要忽视我的新状况，那会让我很痛苦。我正在经历很多事情，而且这些事情需要得到认可。
- ♥ 如果我表现得对你有些"冷淡"，请不要介意，这不是因为你或者你说的话，只是因为我正在经历地狱般的生活。

- ♥ 请分享你的好消息或者幸福的事情,我仍然希望能够享受或者庆祝你的快乐。
- ♥ 时刻保持善良,我们永远不知道别人正在经历什么。

卡拉尼什如此年轻就离世,我能够感受到他的灵魂。作为一名成功的神经外科医生,他因未能实现抱负而痛苦,我对此感同身受。我还有太多想要去做的事情,想要去实现,想要去庆祝,想要与家人和朋友分享。

让我们看到希望的是,卡拉尼什在他所剩不多的时间里,一直在探索什么能给他的人生赋予意义。同样的问题也在帮助我思考得更加清晰,而格雷厄姆·格林(Graham Greene)的这句话给了我安慰:"人生在前20年已经度过,剩下的只是反思。"

卡拉尼什精彩地表达了这一点。

> 每个人都会屈服于生命的局限性。我想,进入这种过去完成时的人,应该不止我一个。大多数抱负要么被实现,要么被放弃;无论哪种方式,它们都属于过去。未来不再是通向人生目标的阶梯,而是变成了一个永恒的现在。金钱、地位,还有所有在《传道书》中描述的虚荣都显得如此无趣,最终都是在追逐无形的风而已。

在塔蒂亚娜的日记中,她思索了她所阅读的作者们的经历与她自己抗癌旅程之间的共鸣之处。"我无法继续"

和"我绝对必须继续"这两种对立的情绪,以及那种明明什么都没变但一切都变了的感觉,完美地概括了她自己的经历。塔蒂亚娜常常在情绪低落时回看保罗·卡拉尼什的回忆录。这本书告诉她,其他人也曾走过这条艰难的路,这能够让她从暂时的悲伤中走出来。在这些时刻,她会意识到生活的不公平,以及生活中有很多事情是自己无法掌控的。

也许这关乎顺其自然和放下——既放下期望,也放下对未知的恐惧。不断试图控制每一个微小的结果令人窒息,而顺其自然则能带来自由。受露易丝·海的《生命的重建》启发,塔蒂亚娜决定将书中的"放下"呼吸练习融入她的日常生活中。练习包括吸气和呼气,先让头皮、脸部和前额放松,接着是舌头、喉咙和肩膀,然后是背部、腹部和骨盆,最后是双腿和双脚。这个过程释放了她身体的紧张,同时让她感到极其平静。塔蒂亚娜还借助了积极肯定的力量,反复对自己说海的这段话:"我愿意放下。我释放。我放下。我释放所有的紧张。我释放所有的恐惧。我释放所有的愤怒。我释放所有的内疚。我释放所有的悲伤。我放下所有曾经的局限。我放下,并且感到平和。我与自己和平共处。我与生命的进程和平共处。我是安全的。"

一系列找回平静的技巧和海那令人共鸣的故事,鼓励塔蒂亚娜重新找回了她的内在力量。呼吸练习促使她专注当下,减少了内心绝望想法的影响。

由于塔蒂亚娜是个热衷读书的人,我还建议她尝试阅读威尔·施瓦尔贝(Will Schwalbe)的《生命最后的读书会》(*The End of Your Life Book Club*),这本书讲述了一对母子创建的读书会的故事。书中的母亲玛丽·安妮·施瓦尔贝在73岁时被诊断出无法治愈的胰腺癌,所以她在生命的最后时光里,与儿子一起沉浸在她一直想读的书籍中。受到启发,塔蒂亚娜与她的母亲和姐姐创建了自己的读书会,这样她就能和她最爱的人一起做她最爱的事情。这促成了她们之间深入而亲密的讨论,并让塔蒂亚娜在这些时刻感受到特别充实和存在感。

设想不同的未来

在塔蒂亚娜忙于自我疗愈的同时,她和阿列克谢的关系也在持续发展着。我与塔蒂亚娜交谈越多,就越觉得这段关系对她产生了负面的影响。这种情感上不可接近的伴侣,就像情感上不可接近的母亲一样,正是塔蒂亚娜最容易感到舒适的人。

我让她设想这段关系的不同结局,这是著名的未来学家简·麦戈尼格尔(Jane McGonigal)在她的书《游戏改变未来》(*Imaginable*)中提出的方法,被称为"未来场景",她在这本书中引导我们进行一个名为"未来场景"的可视化练习。麦戈尼格尔鼓励我们通过模拟可能的场景来为未来做计划,尤其是针对我们难以应对的情况。我们可以通过被她称为"具体性训练"的方法,在头脑中穿越到未来,生动地想象不同的结局。这要求我们在设想场景时专注于具体细节,确保融入所有感官(视觉、听觉、味觉、触觉和嗅觉)。通过在脑海中进行这些模拟,我们会开始感觉到更多的希望感,因为这个过程为我们提供了机会,去试验解决问题的不同方法。积极参与塑造自己的未来可以减少我们感到的无力感,增强韧性,并在我们追求那些最重要的事物时,提供一种重新获得掌控感的机会。

设想不同的未来:如何生效

设想不同的未来或结果,顾名思义,就是设想某一情境在未来的不同结局或结果,不管它们在最初看起来多么不可能。这是一种常规的可视化技术,可以应用于任何形式的治疗或辅导中,并非"阅读疗法"的专属技巧。

这一技巧的灵感来自未来学家简·麦戈尼格尔,她隶属于未来研究所。在她的书《游戏改变未来》中,她讨论了多种为自己创造理想未来的技巧。

想象不同的结局是解决问题以及激励自己创造理想未来的绝佳方式。这种方法不仅能增强希望,还能增加共情能力,因为我们学会了承认自己的需求,并能够采取行动来满足这些需求。它鼓励我们去感受那些帮助我

> 们走出痛苦事件或经历的情感。这种自我关怀和自我怜悯的练习方式确实可以改变人生，带来启发和赋能，并且科学证明，它能够在大脑中建立带来希望感的路径。

在我与塔蒂亚娜的第三次咨询中，我邀请她设想和现有的关系可能出现的不同结局。我希望她意识到，如果她感到不幸福，做出改变是她力所能及的事情。起初，她似乎被困在过去，无法想象任何不同的未来或关系，也无法按照要求进行心理时空的穿越。这种情况在患有创伤后应激障碍的人中很常见。

对于患有创伤后应激障碍的人来说，回忆自己过去的具体记忆（自传体记忆）的能力是设想未来时至关重要的一环。这是因为模拟可能的未来事件非常依赖于和记忆过去事件相同的脑部过程。[35] 例如，如果有人计划去一个新的城市度假，他们可以借鉴过去到类似城市旅行的经验，从而构建对这次旅行的心理画面。这种心理模拟过程可以帮助个体预见潜在的挑战和机会，并据此进行计划。

此外，回忆过去的具体记忆的能力对于建立自我认同感和个人连续性也至关重要。自传体记忆的能力较强的人更能够将过去的经历与现在和未来的自我连接起来，从而获得更强的生活连贯性和目标感。

然而，创伤后应激障碍的患者往往依赖于一种"过度概括"的记忆，而不是自传体记忆。

例如，拥有"过度概括"记忆的人可能会回忆起一次考试失败的负面经历，但他们无法记起这次经历的细节，比如考试的内容、考试的时间和地点，以及他们为考试做了哪些准备。相反，他们可能会将这次经历概括为"我不擅长考试"。与之相对的是，拥有具体记忆的人能够回忆起经历的细节，包括考试前后发生的事情、当时的感受，以及从中学到的东西。他们可能会承认自己在那次特定的考试中遇到了困难，但不会将那次失败的经历泛化到所有的考试上。相反，他们会专注于改进未来考试的准备和表现。

根据2014年发表在《临床心理科学》（*Clinical Psychological Science*）上的一项研究，依赖过度概括记忆的倾向会削弱对具体未来思考的想象能力。[36] 一个拥有过度概括记忆的人可能难以形成对未来自我的认知，也可能难以为未来制订计划和设定目标。不过好消息是，通过处理过去记忆中的创伤，解决问题、想象未来结果和设定目标的认知功能的修复会变得更加容易。[37]

与创伤相关的抑郁症同样与难以回忆具体的过去记忆有关，[38] 这使得进行这种心理上的时间旅行变得困难，而塔蒂亚娜正是一生都在与抑郁症做斗争。

我给了她一些时间来适应这个过程，并提供了以下策略，目的是帮助她提升记忆检索能力，从而更好地想象未来事件。

- ♥ 回忆和过去事件相关的具体细节，比如你当时穿着什么、和谁在一起，以及你当时的感受，这些都能够帮助你增强记忆检索能力，并让你在未来更容易访问过去的记忆。
- ♥ 在日记中写下过去的经历也可以帮助你访问记忆，并利用这些记忆去构建对可能发生的未来事件的心理模拟。
- ♥ 诸如冥想和深呼吸的正念练习，可以帮助你访问记忆。通过专注于当下时刻并更加意识到自己的想法和情绪，你可能会更好地访问记忆，并利用它们构建对可能发生的未来事件的心理模拟。

塔蒂亚娜提到她在约翰·格林（John Green）的《无比美妙的痛苦》（*The Fault in Our Stars*）中读到过的一段文字，那段文字以一种苦乐参半的方式给人以安慰：

> 终有一天，我们所有人都会死去。没错，所有人。终有一天，将不会再有人类记得曾经有任何人存在过，或者我们的物种曾经做过任何事情。将不会有人记得亚里士多德或克利奥帕特拉（Cleopatra），更不必说你了。我们所做的一切、建造的一切、书写的一切、思考的一切、发现的一切，都将被遗忘，也都将会化为乌有。也许那一天很快就会到来，也许还要数百万年之后，但即使我们能够幸存到太阳毁灭，我

们也无法永远存活。在生物体产生意识之前，时间就已经存在；在生物体失去意识之后，时间也依然会继续。如果你对人类终将被人遗忘的必然性感到担忧，我劝你忽略它。因为上苍知道，所有人都是这么做的。

听着这段文字，我突然有一种莫名的情绪涌上心头，然后开始哭了起来。我意识到，我在为塔蒂亚娜而哀伤，因为她无法为自己这样做。她从来没有被教过要如何表达悲伤。悲伤的情绪被压抑着，这是她的家人从未展现过的情感，尤其是她记忆中在圣彼得堡的祖父母，他们虽然慈爱但也很严厉。

在我哭的时候，她也哭了。我们紧握彼此的双手，并任由悲伤和痛苦肆意流淌。这正是那一刻所需要的。我让她在家练习想象不同的未来，这样我们就可以在下次咨询时讨论她设想的各种场景。

在第四次咨询，也是最后一次咨询时，塔蒂亚娜能够清晰地看到未来了。

"我决定和阿列克谢分手，"她微笑着说，"我想用我剩下的时间去结识新的人，体验新的事物，过上新的生活。我想要精神上和生活上都充满活力。"

也许她是被读过的书籍说服，也许是开始憧憬遇见新的人、体验新的恋情带来的那种令人陶醉和心旷神怡的感觉，塔蒂亚娜感到充满希望，而有时候，这正是我们克服失落感所需要的。她意识到，她必须尽情享受生活，现在是时候去追求一切有意义且重要的事情了。虽然死亡可能是最终的结局，但正是死亡的概念让我们能够过上更加充实和丰富的生活。

塔蒂亚娜越是阅读他人的经历，她的焦虑就越是消散。她从那些与死亡的必然性达成和解的人的故事中汲取能量，这让她能够摒弃恐惧，转而接受现实。死亡是我们每个人故事中的一个篇章。我们可能不知道自己的人生之书会有多长，但正因如此，让每一章都充满意义才显得尤为重要。毕竟，如果你能面对死亡，你就能面对生活。

正如安德烈·杜布斯（Andre Dubus）在《破碎的器皿》(*Broken Vessels*)中所写："我们得到，我们失去，我们必须努力学会感恩，并带着这份感恩，全心全意地拥抱丧失之后，生活中还留下的一切。"

在最后一次咨询中，我们的主题似乎是在生命的有限性中重新发现各种形式的希望。有时候，阅读治疗就是这样：它通过书籍产生希望。通常，正是成为希望传播者的想法让我每天坚持下去：在黑夜的阴暗角落点亮一盏灯。

阅读治疗工具箱

本章提及的阅读治疗技术：文学日记
推荐用于：自我探索、自我认知，以及情绪处理
辅助治疗技术：设想不同的未来
推荐用于：寻求力量感、动力感，寻找控制感和内

在力量的人

书籍处方：
保罗·卡拉尼什的《当呼吸化为空气》
奥黛丽·洛德的《癌症日记》
露易丝·海的《生命的重建》
威尔·施瓦尔贝的《生命最后的读书会》
约翰·格林的《无比美妙的痛苦》

阅读治疗技术应用：要点和练习

请参见第 79 页的"文学日记：要点"，以及第 80~84 页的相关练习。

辅助治疗技术应用：要点和练习

设想不同的未来：要点

- ♥ 想象给定情境的不同未来结局或结果，无论它们起初看起来多么不可能。
- ♥ 这是一种受未来学家简·麦戈尼格尔启发而设计的传统可视化技术，她是未来研究所的成员，也是《游戏改变未来》一书的作者。
- ♥ 这种练习能够激发问题解决行为以及自我激励。
- ♥ 它通过在大脑中构建希望路径来增加希望感。

练 习

- ♥ 想象你要去公园。
- ♥ 现在是什么时间?是白天还是夜晚?
- ♥ 你是独自一人,还是和朋友或对你而言很特别的人一起去?
- ♥ 你穿着什么?
- ♥ 你的感觉如何?在想象这一场景时,给自己留出空间,充分表达和"体验"当下的这些感受,无论它们是积极的还是消极的。
- ♥ 你能看到或听到什么?
- ♥ 你能闻到或触摸到什么?
- ♥ 你在吃东西吗?味道如何?
- ♥ 天气怎么样?
- ♥ 现在你已经热身完毕,思考一下你生活中正在努力解决的一个问题。如果你能神奇地改变它(无论这看起来多么不可能),你会怎么做?你希望发生什么?那个场景会是什么样子?你会有什么感觉?尽量让细节越生动越好。

> 如果你仍然难以发挥想象力,那么就试着回忆积极的记忆。想象当时是一天中的什么时候,你在做什么,和谁在一起,你的感觉如何,你在吃什么,你闻到了什么,触摸到了什么。调动你所有的感官。
>
> 熟能生巧。你练习可视化技术的次数越多,你就会感到越专注,越与你的目标保持一致。你会体验到一种能动性和改变那些行不通的事情的力量。

> 成为一个完整的人。母亲身份是一份光荣的礼物,但请不要仅仅通过母亲身份来定义自己。成为一个完整的人,你的孩子会从中受益。
>
> 奇玛曼达·恩戈兹·阿迪契
> (Chimamanda Ngozi Adichie)

第5章

泰莎

来访者备注

泰莎曾是一名律师,如今身为母亲,她渴望重新找回自我,不再局限于母亲和妻子的身份标签。她感到自己的生活仿佛陷入了一种停滞,内心渴望重新找到生活的意义和目标。她有一些焦虑。她钟爱回忆录、人物传记以及俄罗斯的经典文学作品。

> 孩子的出生将女人和男人区分开来，也将女人和女人区分开来，于是女性对于存在的意义的理解发生了巨变。她体内存在另一个人，孩子出生后便受她的意识所管辖。孩子在身边时，她做不了自己；孩子不在时，她也做不了自己。于是，不管孩子在不在身边，你都觉得很困难。一旦发现这一点，你就会觉得自己的生活陷入矛盾之中、无法挽回，或是陷入某种神秘的圈套，你被困在其中，只能不停地做无用的挣扎。
>
> 蕾切尔·卡斯克

每当来访者让我看到自己的影子，我都会克制自己，不轻易依据自身经历给出建议和指导，因为我深知我们的境遇、经历大不相同。然而，这种不同的背后，也隐藏着某种普遍的联系，让人忍不住想要探寻。

泰莎和我一样，在生下第一个孩子伊娃后，离开了职场。那时她刚成为母亲九个月，正在努力在旧生活与母亲这一新身份之间找到平衡。这一切仿佛一夜之间发生了翻天覆地的变化,她不再是那个身兼数职的女性,而是化身为母亲、妻子、女儿、姐妹、孙女和朋友。她的角色全部围绕着关系展开。她感到自己仿佛失去了自我存在的价值,一种可怕的孤独感笼罩着她。她渴望重新投入工作,但更希望能在比公司法更加充满创意的领域里工作。她内心真正向往的是一份能让她找到生命意义和目的的工作,让她能够重新联结并发展自己那被忽视的艺术才华。

泰莎对于在母亲身份与职业生涯之间寻求平衡的愿望,是历代女性一直努力想要做到的事情。在茱莉娅·贝尔德(Julia Baird)的《维多利亚女王:帝国女统治者的秘密传记》(*Victoria: The Queen*)一书中,通过引述女王的信件和日记,揭示了即便尊贵如女王,也曾在育儿的重担下感到挫败,贝尔德将这一困境称为婚姻的"阴暗面"(Schattenseite)。

在传记中,我们读到了维多利亚女王给叔叔利奥波德(Leopold)的一封信的片段,她在这封信中回应了他希望她能够拥有一个既庞大又充满幸福的家庭的期许:

> 亲爱的叔叔,我认为您不会真心希望我成为"众多儿女的母亲",因为我想您会认同,一个大家庭对我们所有人,特别是对这个国家来说,会带来诸多不便,更不用说这对我自己来说,也是一种难以承受的负担和不便了。男人们往往不理解,或者说很少理解,我们女性要经历这样的生活是多么不易。

贝尔德还记录了维多利亚女王日记里的另一段内容：

> 痛苦、磨难、不幸和瘟疫……这些都是你必须与之抗争的，而快乐、享受等美好却需要割舍。你需要时刻保持警惕，你会感受到已婚女性的枷锁……我曾经在八个月的时间里九次忍受着上述那些敌人，我承认它们让我筋疲力尽，你感到自己像被钉住了一般，翅膀被剪断。确切地说，即便是在最好的时候……你也只是半个自己，特别是在第一次和第二次的时候。我把这称为"阴暗面"，就如同被迫离开自己深爱的家、父母和兄弟姐妹一样痛苦。因此，我认为我们的性别是最不令人羡慕的。

尽管过去的一个世纪，我们在对待女性和推动社会平等方面取得了显著的进步，但女性在成为母亲后仍然可能感受到生活的局限性和重复性。许多女性对下面这个想法感到挣扎：即使做让自己快乐的事情并不完全符合周围人的期望，那也是可以的。

我在许多女性来访者身上都看到了类似的困境。泰莎是家中四个兄弟姐妹中的一个，她在萨默塞特长大，现在和她的德国丈夫生活在汉堡。她的母亲几十年前也遇到过同样的难题。生下长子爱德华后，泰莎的母亲一直在纠结是否应该重返职场。最后，她选择留在家里照顾家庭，直到最小的孩子泰莎长到四岁。之后，她成功地在当地委员会找到了一份兼职工作，既满足了她的职业需求，也兼顾了家庭。然而，泰莎常常会目睹这样一幕：母亲因父亲认定女性应承担更多家务责任而责备他。泰莎记得那时的自己心中也很是恼火，因为母亲总是在无休止地抱怨。现如今，她仿佛变成了她的母亲，她理解了母亲当时在努力寻找出路、勇于面对挑战、为自己争取权益的过程中所经历的艰辛和挣扎。长久以来，泰莎总是更容易先关心别人的需求，而把自己的需求放在一边。

泰莎的母亲一直为如何在母亲身份和兼职工作之间找到平衡而努力奋斗；然而，在没有家庭后盾的情况下，她觉得自己力不从心。她就像是在进行一场高难度的杂技表演，每一个动作都需要精准无误，否则就会全盘皆输。

如今，泰莎也感受到了一种相似的无力感。她知道母亲将一生都奉献给了自己和兄弟姐妹，而她也不得不这样做。她没有意识到的是，她其实有能力做出自己的选择，并且可以通过寻求外界的帮助来追求自己的职业理想。

泰莎清楚自己想要什么，那就是成为一名室内设计师，开启职业生涯的新篇章。在最终鼓起勇气辞职之前，她已经为未来道路的选择痛苦挣扎了很久。这个决定对她来说充满了压力，但决定就像创可贴，迟早要被揭下。一旦揭下，你可能会惊喜地发现伤口已经愈合得如此完好。同样，一旦你下定决心，那些曾经难以捕捉的宁静与清晰也会变得触手可及。

每个人都有权自由地掌控自己的行动和选择，我时常向我的来访者强调这一点。当然，自由也意味着要为自己的行为和选择负责，这可能会让人感到害怕。如果你不习惯，那么拥有完全的掌控感可能会让你觉得不自在甚至有点儿难以承受。将问题和疑虑归咎于外部因素会更容易些，同样地，选择顺从也会更简单。我们总是坚守着一个错误信念，认为改变外部环境就能带来根本性的变化。但往往，事实并非如此。泰莎内心深处觉得自己没有多少主动权，她并不觉得自己有能力去改变现状，比如让丈夫与她一起努力，找到一个能够让她安心工作的育儿方案。有一种惯性在作祟，泰莎深陷其中无法自拔。她的母亲为了照顾泰莎和她的兄弟姐妹放弃了工作，现在泰莎也在重复同样的模式，一种代代相传的无力感让两人都陷入了困境。我希望泰莎能够意识到，她其实比自己认为的拥有更多的自主权和选择。

文学反思练习：以小说和回忆录为治疗媒介

为了帮助泰莎重燃希望并找回自己的力量，我采用了一种被称为"文学反思练习"的阅读治疗技术，并结合了小说和回忆录的治疗方法来促进来访者自我反思和成长。

以小说和回忆录为治疗媒介的文学反思练习:如何生效

在小说中,我们可以看到人性的光辉与阴暗。

E.M. 福斯特(E.M. Forst)

这一技术的开展具体可参考第 71~72 页的文学反思练习框架。

小说作为一种文学体裁,在 19 世纪风靡一时,它不仅反映了当时社会的文化特征和人们的价值取向,还通过细腻的人物刻画,以文学史上前所未有的方式深入剖析了人类在社会活动、情感表达和认知过程中的种种现象。它探索了人们的内心世界和外部行为,深入剖析了真实自我和虚假自我,同时鼓励读者以开放的心态看待生活,为读者提供了一个深入了解作者内心世界的窗口。小说能够最充分地展现人类生活的各种面貌,特别是那些我们在现实生活中因太过恐惧或不知所措而不敢涉足的领域。小说让我们得以逃避现实,获得新的视角,使我们能够保持一定距离,在一个安全的位置触及我们的意识和潜意识。

一个安全的空间是关键。在这样的空间里,我们可以放下心防(或解除心理防御),开始探索那些可能因太痛苦、难以触及、无法准确描述而一直被回避的感受。随着我们的反思与观察,我们有时会通过书写或言说这些情感来与之相连,并开始自我消化它们。我们可能会在阅读文学作品的过程中有一些新的洞察和应对策略,当然在一些情况下,我们可能需要咨询师或治疗师的帮助来梳理这些想法和观察。

回忆录在被用于探究性格与自我时,其作用与小说颇为相似。而如同常规疗法般,运用这两种形式都可以重塑我们的心理空间,为我们提供空间和时间去重新评估当下的生活现状。有人曾言,阅读小说或回忆录,就如同服下了一剂"叙事性的解药",对此我深感赞同。

小说和回忆录通过人物塑造、情感刻画和语言表达,使读者能够与主人公产生共鸣与联结。当读者运用第三人称的心理理论审视虚构或陌生人物的经历时,他们的大脑会激活与经历真实情况相似的神经反应通路。[39] 2013年的一项研究发现,文学小说之所以对提升心理理论有显著效果,是因为其叙事手法侧重于描绘人物的内心世界,而非单纯追求情节发展,这种手法能够触发心理理论过程,并通过模拟这些过程来增强读者的同理心。[40] 回忆录同样以人物为中心展开叙述,为读者打开了一扇通往作者内心世界的大门,让我们得以触及其最深处的想法和感受。

这样一来,西方的男性读者在阅读时可能会突然与印度的一名女青少年感同身受,同样地,斯堪的纳维亚的原住民在阅读毛利人的小说[克丽·休姆(Keri

Hulme）的获奖作品《骨雕人》（*The Bone People*）就是一个极好的例子]时，也可能对毛利部落的成员产生深深的同情与理解。

我向泰莎推荐了蕾切尔·卡斯克的《成为母亲：一位知识女性的自白》（*A Life's Work*），作为她文学反思练习的起点。这本书以非评判性的方式揭示了母亲身份的深层复杂性，我希望它能给泰莎提供一个空间，让她探索和尊重自己内心的矛盾情感。为了鼓励泰莎更加自信、勇敢地展现自己，我还建议她阅读拉娜·埃尔·卡利乌比（Rana el Kaliouby）的回忆录《AI与爱》（*Girl Decoded*），拉娜梦想成为情感智能技术的开创者，该技术旨在捕捉并解析那些在日常交流中（尤其是在文本交流中容易忽视的）通过声音、体态和面部表情展现的"微妙情感"。怀揣着对梦想的执着追求，拉娜毅然放弃了在埃及的一切，包括挚爱的丈夫、温馨的家庭以及深厚的文化根基，远赴波士顿，因为在那里她更有可能将梦想变为现实。这是一个关于蜕变的故事，更是一个彰显个人力量与不懈追求的故事。它让我们看到，有时为了找到生命中真正的快乐与满足，我们必须勇敢地走出舒适区，踏上那条鲜有人走的路。无论是虚构的文学作品还是真实的人生故事，其中关于个人转变的叙述都能促使我们再次审视自己的痛苦经历，并为我们展示出实现自我疗愈，拥抱转变的潜在路径。我们的道路选择不必效仿卡利乌比那般决绝，每个人都有自己的边界和限制。关键在于，我们要专注于自己的内在力量和自主能动性，为自己做出必要的改变，以确保我们的需求和目标得以实现。

自我并非固定不变。我们的性格如同积木，可以根据需要组合和调整；不同的人和情境会让我们展现出不同的面向。泰莎觉得自己被禁锢在"母亲和妻子"的标签之下，因此她非常渴望能够触及那些被藏起来的自我。她希望告诉全世界，尽管她身为母亲和妻子，但她的生命远不止于此。她希望周围的人能深入了解她，能看到她真正的自己。

在进行小说和回忆录治疗的过程中，我布置给泰莎一个任务，让她对我挑选的回忆录进行文学反思练习。在阅读过程中，我让她保持对以下三个问题的关注：

- ♥ 她在阅读和反思的过程中，内心涌起了哪些情感？唤起的这些情感有何重要意义？
- ♥ 文本中是否有哪些段落或瞬间特别引起她的共鸣？为什么它们会引起共鸣？
- ♥ 基于她新意识到的视角，她会如何为自己选择未来的最佳道路？她的目标是什么？为了实现这些目标，她接下来应该采取哪些具体行动？

下一次咨询时，泰莎带来了这次练习的笔记，我很好奇她通过这个过程发现了什么。她提到自己被埃莱娜·费兰特（Elena Ferrante）的《失踪的孩子》（*Storia della bambina perduta*）所吸引，该故事围绕一位中年离异的英文教授展开，埃莱娜年轻时因专注于事业和卷入一段婚外情，与女儿们产生了隔阂。埃莱娜让前夫承担起了养育女儿的责任，自己在很大程度上缺席了她们的成长过程。泰莎还做了一些笔记。她这样写道：

> 当费兰特说"最难谈论的，往往是我们自己都不甚了了的事情"时，我深感共鸣。我自己内心体验到的挣扎、矛盾，正如莉拉所经历的那样，开始显得愈发真切。起初，这种情绪可能只是令人不悦的小插曲，但随后你会意识到，这已成为日复一日、循环往复般的困境。我迫切地寻找一个喘息的机会，而当这个机会到来时，就像卡斯克在《成为母亲：一位知识女性的自白》中所描述的那样："这让人充满期待，因为只有在孩子进入梦乡之际，我才能与我的旧日生活重新建立联系，那种感觉就像是与爱人重逢。虽然每次都令人激动兴奋，但也常常伴随着紧张不安。我在家里走来走去，不知道该做什么：读书、工作还是给朋友打电话。"
>
> 接着我才清晰地意识到，什么将会伴随我接下来的人生。在我真正承担起这份责任之前，我从未预见到这份责任的沉重。无论在此之前别人如何事先描绘

有了孩子之后的生活,一份终身的承诺、无法逃避、不可挣脱,你都无法完全理解这究竟意味着什么。烦恼逐渐累积成绝望,最终演变为恐惧,因为我知道明天依然要面对同样沉重的家庭琐事。在我看来,费兰特在书的前几页里所表达的就是这种感觉:对于当前的情感状态及其背后的原因感到困惑不解。毕竟,成为母亲本应是一件充满爱的喜悦之事,为何我们却感到如此消极?

毫无疑问,我爱我的孩子,他们对我来说极其宝贵,但没人告诉你,你需要牺牲多少自我,特别是那些你曾经拥有的生活方式和身份认同。生儿育女,这一生命历程中的重要转折,无疑会深刻地撼动我们的身份认知,而这样的转变往往需要时间的沉淀才能被我们所接纳。《失踪的孩子》与《成为母亲:一位知识女性的自白》这两部作品都向我传达了一个信息:在母爱的旅程中,爱与懊恼是并存的,这是人类情感的真实写照。

遗憾的是,母亲们通常得不到足够的支持,这就导致了母亲身份与"职业"之间的冲突。我们女性被要求做出选择,好像只能拥有其中一个。正如卡斯克在《成为母亲:一位知识女性的自白》中所写的那样:"孩子的问题以及谁来照顾他们的问题,在我看来已经变得极具政治色彩。因此,若我未能在书中解释我是如何腾出时间来完成这部作品的,那么写一本关于成为母亲的书就显得有些自相矛盾了。在阿尔贝蒂娜出生后的头六个月里,我负责在家照顾她,而我的伴侣则继续他的工作。这段经历让我深刻意识到一个我从未认真思考过的事实,孩子的诞生使得父母双方的生活轨迹逐渐分离,原本共处的平等状态被打破,取而代之的是一种类似于封建时代的相互依存关系。在家照顾孩子的一天与在办公室工作的一天有着天壤之别。不论它们各自的价值何在,它们都分属于截然不同的生活领域。"卡斯克的话语精准地捕捉了我内心的感受。如今,我能够坦然接受这一现实,不再感到束缚。我相信,我能够将这些复杂的情感转化为前进的动力,为未来的日子增添更多积极色彩。

数周之后,当我们结束咨询时,泰莎通过电子邮件告诉我,她在《AI与爱》中读到了拉娜的故事,深受鼓舞。虽然她并未打算远渡重洋开始新生活,但她决定重新启航,开启一个她内心深处热爱的事业:成立自己的室内设计咨询工作室。她甚至已经制订好了商业计划并申请了融资。她提到,再过几个月,伊娃就会开始每周上三天幼儿园,这样她就能有更多的时间来发展自己的事业了。

当我读到这里时,不禁露出了微笑。这是第一次,泰莎掌握了主动权,她终于重新找回了自信。得知她已向银行提交申请,我甚感意外,她考虑得很周到,连照看孩子的计划都已经安排好了。尽管她还没机会读茱莉娅·贝尔德的《维多利亚女王：帝国女统治者的秘密传记》，但这本书已经是她待读清单上的首选了。

阅读治疗师们以图书馆、书店、他人的书架，甚至是大学档案馆和博物馆为舞台，倾尽一生去探索，只为给读者提供接触新世界、新空间、新思想、新人物和新情感的途径。想象一下，我们是专门为你量身定制的文学搜索引擎。有时候，我们推荐的作品会触动你内心最柔软的部分，唤醒你深藏的记忆，并激发你无限的想象。这就是阅读的力量。

泰莎借助这股力量，让自己在成长的道路上向前迈进了一大步。她不再迷茫，而是坚定地选择了自己的未来。我不禁好奇，我们是否还有可能会再次遇到。

在历经25周的精心筹备后，泰莎终于迎来了自己室内设计咨询工作室的开业之日。她特意给我发来了一封满载心意的邮件，感谢我为她提供的建议和灵感，并热情地邀请我前往伦敦参加她的开业庆典。她的言辞间充满了盛情与感激。我被她那温暖的话语深深打动，阅读之际，我仿佛捕捉到了弗吉尼亚·伍尔夫笔下所描绘的"顿悟时刻"。这一刻，我更加清晰地认识到自己工作的价值所在，也见证了阅读疗法正悄然发挥它的魔力。

阅读治疗工具箱

本章提及的阅读治疗技术：以小说和回忆录为治疗

媒介的文学反思练习

推荐用于：希望培养同理心与自我理解，处理无助与无力感，寻找个人声音与内在力量（自主性），以及感受到被理解的人群

书籍处方：

蕾切尔·卡斯克的《成为母亲：一位知识女性的自白》

埃莱娜·费兰特的《失踪的孩子》

拉娜·埃尔·卡利乌比的《AI 与爱》

茱莉亚·贝尔德的《维多利亚女王：帝国女统治者的秘密传记》

阅读治疗技术应用：要点和练习

以小说和回忆录为治疗媒介的文学反思练习：要点

- ♥ 无论是小说还是回忆录，它们都为读者创造了一个独特的空间，让读者能够深入其中，与作者或主人公的情感产生共鸣。
- ♥ 详见第 71~72 页的文学反思练习框架。

练 习

问题1:思考一下引起你共鸣的段落、页面或句子。

提 示:是什么让你与这些文字产生了联结?
问题2:它们带给你什么样的情绪体验?

提 示:什么样的情感浮现在你的面前?如果你在描述自己的情感时感到困惑,这个受布琳·布朗(Brené Brown)的《心的地图》(*Atlas of the Heart*)启发的情感列表或许能为你提供帮助。

♥ 具有挑战性或痛苦的情感:压力、不堪重负、焦虑、担忧、激动、恐惧、害怕、脆弱、愤怒、自以为是、心碎、被背叛感、受伤、疏远感、被忽视感、孤独、羞愧、内疚、蒙羞、尴尬、极度痛苦、绝望、悲伤、无望、哀伤、嫉妒、羡慕、怨恨、无聊、失望、遗憾、沮丧、困惑。

♥ 积极情感:喜悦、快乐、平静、满足、感激、释然、安逸、爱、信任、归属感、联结感、同情、共鸣、希望、钦佩、敬畏、惊奇、好奇、惊讶、渴望、怀旧、愉悦。

问题3：你的感受带给你什么样的启发？

提　示：你会如何同亲近的人分享这次体验？经过深入的思考，你从这些体验中获得了什么？这应能帮助你结束并放下那些困扰你的事情。别忘了对自己保持同理心，或练习自我宽恕。同样地，为了继续前行，原谅他人过去给你带来的伤害也很重要。

问题4：基于你新获得的意识和理解，你期望如何推动自己向前发展？

提　示：这可能涉及你以一种全新的方式去审视周遭。新的视角不仅带来全新的生活体验，也带来不同的前景。你可以借此机会为自己设立新的目标，或者做出新的决定，抑或是学会对不适合的人或事说"不"，更加清晰地界定自己的边界，花些时间进行深度思考。不论你如何行动，这个练习都应当帮助你变得清晰和专注，尤其是在你感到不知所措、困惑、无力或犹豫不决的时候。

> 爱情渴望了解你的一切；欲望需要神秘。爱情喜欢缩小你我之间的距离，欲望则因距离而充满活力。如果说亲密关系是在重复和熟悉中增长的，那么性欲则是在重复中麻木的。
>
> 埃丝特·佩瑞尔（Esther Perel）
> 《亲密陷阱：爱、欲望与平衡艺术》
> （Mating in Captivity: Unlocking Erotic Intelligence）

第6章

安妮特和大卫

来访者备注

为了能够专注在重新成为伴侣上，安妮特和大卫正通过文学重新建立联结和寻找浪漫。

安妮特和大卫的故事并不罕见。三个孩子的接连出生彻底改变了他们的关系,三个男孩现在分别是七岁、五岁和三岁,家庭生活和现实生活阻碍了亲密、兴奋和欲望。他们几乎找不到时间来享受浪漫。但正如著名的伴侣治疗师埃丝特·佩瑞尔在《亲密陷阱:爱、欲望与平衡艺术》一书中所写的那样:

> 对于有情趣的伴侣来说,爱情是一艘兼具安全感和冒险精神的船,而承诺则提供了生命中最奢侈的东西之一:时间。婚姻不是浪漫的结束,而是浪漫的开始。他们知道,他们有很多年的时间来加深联结、尝试新事物、倒退,甚至失败。他们认为他们的关系是有生命力的、在发展中的,而不是一种既成事实。这是一个他们共同书写的故事,这个故事有很多章节,而双方都不知道结局会如何。总有一些地方他们还没有去过,总有一些关于对方的事情有待发现。

承诺不应该标志着兴奋和激情的结束;相反,它应该是一段令人着迷的共同旅程的开始，我们愿意冒险去发现彼此从未了解的部分，或者以新的方式进行尝试，不断重塑自己和这段关系，以保持新鲜感和惊奇，避免日常家庭生活带来的停滞。

安妮特和大卫来找我，因为他们想通过文学重新点燃他们婚姻中的浪漫火花。我们咨询的目标是想办法让他们重新找回恋爱之初的感觉，这样他们就能回想起当初爱上对方的原因。当你刚认识某人时，会很兴奋；突然间，一个充满无限可能性的未来展现在你面前，而且还有天真的承诺，那就是完整、合一。然而，随着时间的推移，我们发现完美的关系是不可能的，也是不可取的。没有一对伴侣是完美的。彼此总有一些差异，我们与之共存，与之相拥——这就是真爱。如果我们尝试将一段关系开始时的兴奋和爱恋与随着时间的推移而发展的忠诚和承诺结合起来，我们就可以滋养我们与伴侣的联系并为之充电。

大卫和安妮特是青梅竹马，他们相识于中学时期。安妮特来自法国诺曼底，随父母搬到伦敦北部，在学习高中课程时认识了大卫。他们都选择备考英语高级水平课程，经常在课后讨论作业。大卫住在离安妮特家五分钟路程的地方，所以放学后他经常送她回家。他们之间产生了不可否认的化学反应。对于大卫来说，他记得在刚认识安妮特的那几个月里，他的视线总是无法从安妮特身上移开。安妮特发现大卫非常有魅力，很容易交谈，而且很友善。这段关系一开始是柏拉图式的，没过多久就转变为浪漫的关系。他们大部分周末都会一起在一方家里学习，和朋友一起打羽毛球，或者在周六晚上去看电影。

大卫继续在中部地区的大学攻读法律，而安妮特决定成为一名教师，在伦敦完成她的培训。他们的关系一度变成了异地恋，但在大卫离开的三年里，他们尽可能多地一起共度周末。虽然有时很艰难，但他们还是坚持了下来。大卫同伦敦一家小型律师事务所签订了一份培训合同，他们一起搬进了伦敦北部一套宽敞的、离双方父母都不远的两居室公寓。安妮特在当地一所公立学校找到了一份教职工作。

生活很美好，虽然他们像其他伴侣一样有起有落，但他们已经进入了正常的生活轨道。结婚并不是他们一直以来的梦想——两人对此都没有强烈的感觉。他们对孩子的渴望和最终组建家庭的愿望促使他们在相恋12年后，在布列塔尼举行了一场小型而美丽的婚礼。然而讽刺的是，一旦他们有了孩子，他们的关系就开始动摇了。

家庭生活，尤其是有年幼子女的家庭生活，常常让人感到像在例行公事和重复着什么，这让我们更加怀念关系发展时带来的兴奋、乐趣和不可预测性。然而，当我们到达危机节点时，即使处在照顾他人的浓烈氛围中，我们也必须学会重新发现自己和对方。这段回归自我的旅程会为我们带来新鲜感和兴奋感，同时也让我们重温过去的记忆。归根结底，这不是要改变我们自己，而是邀请我们的伴侣用新的眼光来看待我们。正如普鲁斯特所写："真正的发现之旅不在于寻找新的风景,而在于拥有新的眼光。"安妮特和大卫必须用新的视角来探索他们的关系,并为他们忙碌的生活注入改变。

我希望把重点放在如何让他们在当下的相处中感觉更好,而不是喋喋不休地讨论那些溃烂的问题。阅读疗法非常适合他们,因为他们都很热爱阅读。我希望他们对阅读的热情能让他们重新成为一对伴侣,并恢复他们现在关系中缺乏的亲密情感。

读书约会夜

尽管可能很俗气,但读书约会夜是我关键的文学处方。要共度美好时光,有什么能比并肩阅读并通过生动有趣的讨论增进感情更好的方式呢?这也是我打破他们都已厌倦的家庭日常生活的方式。

我的挑战是找到他们都喜欢的作品。大卫喜欢非虚构类书籍,尤其是自传和商业类,以及旅行和自然类书籍。他最喜欢的一些书包括沃尔特·艾萨克森(Walter Isaacson)的《史蒂夫·乔布斯传》(*Steve Jobs*)、克里斯托弗·贝尔(Christopher Bell)的《丘吉尔与达达尼尔海峡》(*Churchill and the Dardanelles*)以及罗伯特·麦克法伦(Robert Macfarlane)的《深时之旅》(*Underland*)。安妮特则喜欢文学小说、奇幻小说和历史小说。希拉里·曼特尔（Hilary Mantel）的《狼厅》（*Wolf Hall*）三部曲完美地融合了她的阅读口味。我本能地选择了回忆录。它既具有适合安妮特的叙事结构，又有能够吸引大卫的现实生活细节。考虑到两人都喜欢历史，所以我们选择了伯纳德·D. 布朗（Bernard D. Brown）的《亲爱的塞尔玛：一段二战情书浪漫史》（*Dear Selma：A World War II Love Letter Romance*）。这是一本书信体回忆录，讲述了伯纳德在第二次世界大战期间的少年经历，从在俄克拉何马州的一所陆军大学接受训练，到在法国和德国的前线作战，期间他一直在给儿时的朋友塞尔玛写信。这是一个关于战争的故事，同时也是他们爱情的纪事，伯纳德的信完美地概括了他们的友谊是如何演变成爱情的。阅读一对伴侣相爱的故事，会促使我们更努力经营自己的感情——我们从他们的故事中获得灵感，并想要模仿他们。此外，我们也会被他们的经验所吸引，从而学习如何改进我们自身的经验。再加上战争的背景，我们被拉进了一个气氛紧张的空间，这个空间中的危机感和不确定感拉近了读者和人物之间的距离。

写信

书信形式也是我给大卫和安妮特布置下一份家庭作业的完美前奏：在每周读书约会夜的间隔期，我建议他们互相写一封信。我希望这能暗暗激发一个目标，就是让他们在整个星期里互相牢记对方，能分享对彼此的同情和善意，并最终在他们的写作中分享爱。他们甚至可以用这些信件来表达不满，但也可以表达对彼此的感激、喜爱和欣赏。通过写信，我希望他们能重现一些恋爱初期时激动人心的时刻。

写信是我用来解决人际或关系问题的一种创造性的阅读治疗技术，因为它能增进阅读者和写作者之间的情感亲密度。

写信：如何生效

写信是一种深刻而又真诚地向他人展示自我的方式。它兴起于18世纪，那个时代被称为"书信的伟大时代"。它是一种媒介，通过它你可以探索自己的想法、感受、想法和身份。同时，你在写作时会在脑海中想着读者并与他们分享你内心深处的想法。这就在接收者（阅读者）和发送者（写作者）之间建立了一种信任契约。

写信是一种有用的治疗工具，因为它具有治疗联盟的所有要素：信任、亲密、开放、诚实、分享自我。它为接收者提供了空间和时间，使其能够做出同样深思熟虑的回应，而无须立即做出回应（就像在谈话中或使用现代即时通信软件时那样），从而使回应更有意义和目的性。

它也可以是分享你觉得难以当面表达的事情的有效方式；它可以给接收者时间和空间做出更经深思熟虑的答复。例如，情感上较为强烈的"请求"——如忏悔、寻求或给予宽恕，或者在疏远、争吵或背叛后与某人恢复联系——可能会引发接收者的各种情绪。书信使我们能够提出这些请求或分享这些感受，而不必担心接收者的即时情绪反应，这种反应可能在起初是负面的。

在阅读治疗中，书信可以写给另一个人、小说中的主角、书的作者，甚至写给我们未来或过去的自己。如果你觉得还没准备好，不必强迫自己把信寄出去。仅仅写信这一练习就具有治疗作用。

为什么写信有益于伴侣阅读治疗

具体来说，对于伴侣治疗，写信可以增进信任。我们花时间写这封信，是在表明我们对对方的承诺，也是在表达我们的关心。一封来自另一半的信让人深感浪漫，可以带来爱、兴奋、温暖甚至渴望的感觉。它的真实、亲密和浪漫真的能把我们带回最初恋爱时对对方的感觉。

毕竟，文字能将我们联系在一起，拉近彼此的距离，而这正是伴侣阅读治疗的目标。就让这些书信成为你们的共同愿景和作为伴侣如何共同开创美好生活的申明。

写信是为安妮特和大卫的关系重新注入浪漫的完美方式。它让人充满期待,让安妮特和大卫对即将到来的读书约会夜充满期待。

我想在下次见到他们前,先看看他们在两个星期的时间里对每项练习的掌握情况,这样他们有时间享受两次读书约会夜,并进行两次写信和收信。我还有一些其他的建议。

爱的语言

首先是使用盖瑞·查普曼(Gary Chapman)的《爱的五种语言》(*The 5 Love Languages*)来找出他们爱的语言。查普曼认为,我们通过五种不同的方式或"语言"体验爱:精心的时刻、肯定的言辞、接受礼物、服务的行动和身体的接触。我建议安妮特和大卫找出对他们来说最有意义的语言,并在读书约会夜专注地讨论它们。所以,他们在下周五的第一个读书约会夜要讨论的就不是一本书,而是两本。

通过12个问题进行文学对话

第二件我要求他们做的事,是完成12个关于文学的问题。这些问题要在他们第一个读书约会夜中一起完成。

这些问题蕴含着一种能帮助他们点燃沉睡的激情的能量，因为借由回答问题表露自我，可以让人感到亲近和亲密。这些问题的设计和灵感来源于各种关于人际关系和依恋的文献。

1. 你童年时最喜欢哪本书？为什么？
2. 什么书是每个人的必读书？
3. 哪本书对你影响最大？
4. 如果你可以举办一场文学晚宴，你会邀请谁，为什么？
5. 如果有一本书你想送给你爱的人，它会是什么？为什么？
6. 你最喜欢的爱情故事是什么？为什么？这个故事吸引你的是什么？
7. 你读过的最有趣的书是什么？你认为是什么让这本书具有趣味？
8. 你的阅读心愿是什么？是读完待读清单中的某一部分书，还是与全世界你最喜欢的人定期举行读书会，又或是有机会见到你喜欢的作家并向他们请教？
9. 列出一本你还没有读但非常想读的书。
10. 想一想当前处境困难的朋友。你会建议他们读什么书？
11. 你的阅读生活中有哪些少见的瑰宝吗？有哪些鲜为人知的书是你希望被更多人知晓的？

12. 是什么赋予了你生命的意义？[这个问题的灵感来自维克多·弗兰克尔（Viktor Frankl）的《活出生命的意义》(*Man's Search for Meaning*)。]

伴侣朗读诗歌

最后，我提出了一些纯粹的实验性建议。我想让他们在周中的某个时间，在读书约会夜的间隙，互相朗读爱情诗，以保持读书约会夜的动力、活力和激情。我请他们从诗歌中汲取意义，并讨论发现的闪光点。甚至，如果他们有灵感的话，我还会建议他们互相写一首诗，然后大声朗读。给所爱之人朗读诗歌是一种非常浪漫的行为，也是一种浪漫的阅读疗法。

伴侣朗读诗歌：如何生效

共读诗歌可以帮助恢复关系，为建立联结创造空间。它可以引发讨论，帮助我们关注彼此和作为伴侣的目标。

诗人通过他们精心选择的词语、短语和节奏，营造出一种特殊的情绪或氛围，这种情绪或氛围能让我们的心灵镇定，让我们放慢脚步，并将彼此的注意力集中在当下。当我们一起朗读诗歌时，为了保持诗歌的节奏和流畅，我们往往需要更加注意自己的呼吸。我们会对自己的呼吸模式有更多觉察，从而产生一种平静和放松的感觉。

此外，共同参与一项活动的经历会让彼此体验到更多的亲密感和联结感，从而减少焦虑和压力，而这有助于让呼吸速度减缓，并使呼吸更顺畅。

一起朗读诗歌也会给彼此一种浪漫的感觉，因为诗歌的语言更富有表现力和简洁性，能创造出生动且感性的形象，并激发强烈的情感。爱情诗尤其会使用丰富的意象和隐喻来传达强烈的浪漫情感。

小说也能给人带来浪漫的感觉，但它们可能没有诗歌那样强烈的情感或简洁而富有表现力的语言。这使得诗歌比小说更能有效地恢复浪漫感和凝聚感，也让诗歌成为象征希望的灯塔，指引人们朝着正确的方向前进。

几周后，当我和他们通电话时，这些简单的生活习惯让他们找回了过去几年缺失的浪漫，他们重新体验到彼此间的联结。他们继续着读书约会夜和写信的活动，而朗读诗歌虽然是一种独特的体验，但他们不考虑经常这样做。习惯由此诞生，他们认为这些习惯可持续，并且在繁忙的家庭日程中加入了适量的浪漫感和亲密感。

这就是阅读和共读的价值。它们让我们有机会找到自己需要的爱的语言，来表达对方之于自己的意义。共同经历一次身临其境的体验，能让彼此更加亲近，而他人的爱情故事带来的积极影响，则有助于我们重新发现自己的爱情故事。

> **阅读治疗工具箱**
>
> **本章提及的阅读治疗技术**：读书约会夜、写信、通过 12 个问题进行文学对话、伴侣朗读诗歌
>
> **推荐用于**：恢复关系中的亲密感
>
> **书籍处方**：
>
> 伯纳德·D.布朗的《亲爱的塞尔玛：一段二战情书浪漫史》
>
> 盖瑞·查普曼的《爱的五种语言》

阅读治疗技术应用：要点和练习

写信：要点

- ♥ 写信是一种以真诚的方式向他人展示自我的亲密形式。
- ♥ 它是一种媒介，通过它你可以探索自己的想法、情感和观点。
- ♥ 当你分享内心深处的想法时，这种开放性和亲密性

会在接收者和发送者之间建立起一种信任契约。
- ♥ 写信具有治疗联盟的所有要素：信任、亲密、开放、诚实、分享自我。
- ♥ 它使发送者更容易表达出在面对面时可能难以言说的想法和感受。
- ♥ 它为接收者提供了空间和时间，使其能够做出同样认真考虑后的回复，而无须立即做出回应，也没有冲动反应的风险，从而使回应更有意义、更经深思熟虑和更有目的性。
- ♥ 这些信可以写给他人、主角、作者，或者写给未来或过去的自己。
- ♥ 写好的信并不一定要寄出。写信这一简单的行为就可以起到治疗作用。

写信：要点

- ♥ 一封信可以增进信任，唤醒过去的爱、激动、温暖和渴望的感觉。
- ♥ 随着时间推移，一系列的书信可以成为你们对未来关系的共同愿景和申明。

练 习

承诺每周给你的伴侣写一次信。写信时要开诚布公、真实可信。最好能够手写信件,当然用电子邮件也有效。

下面是一些引导:

- ♥ 说出一两个你的伴侣让你感到被爱和被接纳的美妙方式。
- ♥ 表明你有多欣赏对方,你最看重什么,什么进展得非常顺利,以及什么是你希望看到更多的。
- ♥ 有什么幻想(浪漫的或性方面的)是你想和伴侣一起体验的吗?请详细描述。你希望在哪里发生?你希望它是一次性的还是经常性的?结束时你想要什么感觉?怎样才能保持这种感觉?
- ♥ 你们目前如何处理彼此间的压力、挫折或失望?你希望今后如何处理?
- ♥ 如何向对方表明你们是一个整体?
- ♥ 你对未来关系的愿景是什么(你的梦想、目标和愿望)?

在一周结束时,一起思考这些信件,也许可以将以下内容作为讨论要点:

- ♥ 哪些内容引起了共鸣?
- ♥ 哪些让你们感觉更亲近?
- ♥ 哪些让你们感到意外?

- ♥ 你们想如何利用这些信件来帮助你们的关系向前发展?
- ♥ 这些信件是否让你们感到充满希望?
- ♥ 如果有强烈的愤怒、失望或沮丧的情绪,你们可以一起做些什么来平复这些情绪?
- ♥ 信中是否遗漏了一些你们希望对彼此表达或言说的话?如果你们需要更多的治疗支持,可以考虑在伴侣咨询、心理治疗、阅读治疗或辅导中讨论这些信件。

伴侣朗读诗歌:要点

- ♥ 共读诗歌可以帮助恢复关系,为建立联结创造机会。
- ♥ 它能引发讨论并帮助我们专注于彼此和我们作为伴侣的目标。
- ♥ 诗人通过他们精心选择的词语、短语和节奏,营造出一种特殊的情绪或氛围,能让人平静下来,并将双方的注意力集中在当下。
- ♥ 当我们一起朗读诗歌时,我们会更加注意自己的呼吸,以保持诗歌的节奏和流畅。我们开始注意自己的呼吸模式。这会让人感到平静和放松。
- ♥ 诗歌,尤其是爱情诗,富有表现力的语言创造了丰富的感性形象,可以唤起强烈的情感。

练 习

找一首你们都有感觉的诗,一起大声朗读。我最喜欢的作品包括鲁米(Rumi)的《这段婚姻》(*This Marriage*)(见下文)、路易·德·伯尔尼埃(Louis De Bernières)的《科莱利上尉的曼陀铃》(*Captain Corelli's Mandolin*)节选,以及詹姆斯·卡瓦诺(James Kavanaugh)的《爱不是占有》(*To Love Is Not to Possess*)。

轮流朗读,或者分配诗行或诗句。专注于自己的呼吸和节奏,因为这项练习旨在帮助你放慢速度,让你体会到更多的联结感。你甚至可以点燃蜡烛,营造轻松的氛围,增加阅读体验。

根据以下提示讨论每首诗:

- ♥ 读完这首诗,你们有何感受?
- ♥ 字里行间有真情实感吗?
- ♥ 诗中有没有让你感到悲伤的地方?
- ♥ 诗中有没有什么内容可以运用在你自己的人际关系中?
- ♥ 如果有的话,你从这首诗/摘录/你们的对话中得到了什么启发?

> 这段婚姻
>
> 鲁米
>
> 愿这些誓言与这段婚姻受到祝福。
> 愿它如甜美的牛奶,
> 这段婚姻,如同美酒与哈尔瓦㊀
> 愿这段婚姻提供果实与阴凉,
> 犹如棕榈树般丰盈。
> 愿这段婚姻充满欢笑,
> 我们的每一天都如同置身乐园。
> 愿这段婚姻成为慈悲的象征,
> 成为当下生活与未来岁月里幸福的印证。
> 愿这段婚姻拥有端庄的面容和良好的名声,
> 宛若明月映照在晴朗蔚蓝的天空中。
> 我已无言以表述,
> 灵魂如何在此婚姻中交融。

㊀ "哈尔瓦"(halvah)是一种中东地区的甜食。——编者注

> 这是所有文学作品的一个美妙之处:你会发现你的渴望是普遍的渴望,你不孤单,也没有与世隔绝。你与大家同在。
>
> 弗朗西斯·斯科特·菲茨杰拉德
> 引用自希拉·格雷厄姆(Sheilah Graham)和格罗尔德·弗兰克(Gerold Frank)的《痴情恨》(*Beloved Infidel*)

第7章

萨凡纳

来访者备注

萨凡纳正在寻找能够令她产生共鸣并且能够代表她境遇的角色。她希望在奇幻小说或青少年小说中看到和她性取向相似的角色。

"我经常会觉得,作为无性恋是一件很令人羞耻的事情。"萨凡纳压低声音说。这一刻,她看起来很想消失。

"你是什么时候发现你是无性恋的呢?"我看着她的眼睛问她。我想专注倾听,让她讲出她的故事。

"我记得是我12岁那年,和几个朋友在当地的公园玩。每一个人都在八卦他们在学校喜欢谁,暗恋谁,但不知道为什么,我对于交换心事一点儿兴趣都没有。"

"那这种兴致缺缺一直持续到你长大吗?"我问。

"是的,我觉得有一天我意识到,我和我的朋友们不一样,就是不在乎或不会对任何人产生强烈的感觉。还有一件事验证了这种情况:一旦你听到'无性恋'这个词并弄清楚它是什么意思时,就会突然感觉到这个词无处不在,因为你的脑海里会有个小小的声音说'这就是你'!但我对这个标签一直很纠结,所以我不确定想让这个声音变得有多坚定。"

"这一定很艰难。我能感到你不得不隐藏或压制你的一部分——尤其它是你很重要的一部分。你几乎是在要求自己和你的本性脱节，伪装自己而生活。"我说。

"没错，我也几乎没在任何地方看到能够代表我境遇的人。我希望能被理解和承认，不再感到孤单。我想如果能发现一本书中有无性恋角色，那将是一种莫大的对我的认可和肯定。我想看到这些人，看到他们的挣扎、痛苦和经历。"

萨凡纳希望在文学作品中探索并发现不同种类的无性恋，她认为这种阅读体验会使她认同自己独特的无性恋经历。无性恋比较罕见，因此如果你不认识有相似性别认同的人——一个与你相似且不必费力就可以理解你的群体——那么你将会感觉非常孤单。

文学作品可以介绍你与有着相同经历的角色建立联系。我给萨凡纳推荐的第一本书是克洛迪·阿瑟诺（Claudie Arsenault）的《纷争之城》（*City of Strife*），它是《尖塔之城》（*City of Spires*）三部曲的第一部，一本主角为性少数群体（包括女同性恋、男同性恋、双性恋、跨性别、酷儿、双性者、无浪漫主义/无性恋、泛性恋及其他性多元群体）的、政治性的、反乌托邦的奇幻小说：书中在探讨不同性别认同和性取向的同时，交织着探讨不同关系变化与权力征服的故事。那个星期萨凡纳把全部精力都放在了这本书上，爱不释手，仿佛得到了什么有益身心健康的、可以持久提供滋养的东西。

在下一周的线上咨询中，萨凡纳提起她对书中的世界有很奇妙的联结感，好像她在那里找到了真正的归属感。

即使她和书中的主人公有着不同的性取向,但她终于感觉自己"正常"了一次,可以通过文学作品安全地探索她的无性恋取向。她感觉和卡尔尤其有联结感,因为卡尔和她一样是无浪漫主义和无性恋。

与主角通信

鉴于萨凡纳对卡尔更有那种真切的联结感,我建议她写一封信给卡尔。我把这种技术称作"与主角通信"。

与主角通信:如何生效

与主角通信既能催发读者的创造力,同时又可以让读者(即写信的人)安全地表达自己的真实感受。读者可以天马行空地准备一封信,用作给主角的回应,并在这个过程中自然而然地建立联结感。

正如神经认知科学家兼读写教育专家玛丽安娜·沃尔夫(Maryanne Wolf)在《升维阅读:数字时代下人类该如何阅读》(*Reader, Come Home: The Reading Brain in a Digital World*)一书中指出,数字化技术对我们的阅读习惯和大脑处理信息的方式产生了影响:

"信件会让我们的大脑进入到一种类似暂停的状态,这样我们可以进行换位思考。甚至很幸运的话,能获得很特殊的体验。"

给主角写一封信,然后再以主角的视角给自己写一封回信,借此提高读者保持和转换不同视角的能力:这对治疗非常有帮助。事实上,当读者通过主角的眼睛来看待自己时,能够获得一个令人耳目一新的视角,来增强自我意识、自我同理心和疗愈程度。

书信有助于外化来访者的问题,也使他们开始参与并掌控治疗的过程,将其转化成一种来访者与咨询师更具合作性的协作关系。这种通信方式效仿了传统治疗干预中两人进行对话的形式。其原理来自第三人称的心理理论:将心理状态的变化归因于他人,并通过同理心和(具有创造性的)想象力从他人视角来看待事物的能力。这通常是在儿童早期发展的一种技能。

丽莎·詹赛恩(Lisa Zunshine)在她的书《为什么我们读小说:心理理论与小说》(*Why We Read Fiction: Theory of Mind and the Novel*)中指出,阅读小说可以测试我们的心理理论,甚至享受使用这个技能。她写道:"我们对于小说的喜爱,至少有一部分,建立在我们意识到自己正在'尝试代入'那些潜在可行的心理状态,但实际上那一刻代入的与自身的心理状态不同的基础上。"

玛丽安娜·沃尔夫对此也表示了同感:"阅读使我们能够尝试、认同并最终在短时间内完全进入他人的意识和视角。通过这种接触,我们既能感受到与他人的共性,也能感受到自己的个性。"

正是这些复杂的心理转变才引发了带有疗愈效果的心理过程。

请注意,在本章中,我们会将重点放在小说和给主角写信上。对回忆录或其他非虚构体裁,同样的技术也可以用在写信给作者或撰写者中。

萨凡纳给卡尔写了一封信,认可了他的经历,并且在这个过程中认可了她自己。然后她写了另一封信,这次是以卡尔的视角给自己的回信——她发现这一过程极具情绪宣泄的作用——看到文学作品中出现像她这样的人,对她来说是一种肯定。

在她给卡尔的信中,她写道:

亲爱的卡尔:

在读过你的故事后,我深深同感于你的故事和性格。我一直感觉自己是少数中的少数,总是被排斥,没有归属感。人们总是假设像你我这样的无性恋或不渴望亲密关系的人,是冷血的和不友善的。但你的热心、可爱和善良很好地反驳了这一切。你总是在朋友碰到困难时支持他们,所以我感觉终于有人将我们的真实面貌呈现了出来:我对朋友也是这样的忠心耿耿。所以坚持做你自己吧,卡尔,因为通过阅读你的故事，我也学会了做真实的自己。

萨凡纳

在这里你可以看到，萨凡纳因为卡尔的经历产生了强烈的共鸣，并且因为她也有过同样的经历：因为她的无性恋取向而被误解为冷酷或无聊的人。萨凡纳将卡尔和自己称为"我们"："终于有人将我们的真实面貌呈现了出来。"在这句话中，她承认了自己曾经被误解的经历，体谅自己的感受，培养了内在同理心，展现了她的自我共情。最后她说，"所以坚持做你自己吧，卡尔，因为通过阅读你的故事，我也学会了做真实的自己"，这里可以看出她做到了自我接纳。

然后萨凡纳进行换位思考，从卡尔的视角写了一封回信：

亲爱的萨凡纳：

读你的信让我非常开心，仿佛我真正意义上带来了一些积极影响。萨凡纳，我很感谢你愿意与我分享你的感受和想法。这对我来说意义重大。我们两个听起来相似得像一个豆荚里的两颗豌豆！我能体会到你所说的性少数派的经历，那些被"排斥"、被误解，或从未被看见的痛苦。我们都在寻找着联结感和归属感，而你值得拥有一切美好。我很高兴《纷争之城》能让你获得一些归属感。

> 对我来说这趟旅程也并不轻松，而你敏锐地发现了书中其他角色的不友善，这对我来说很有帮助——因为你接纳了真实的我。并且因为你主动的分享，我也感到不再孤单。
>
> 请记住：当你再次感到没有归属感的时候，想想我或其他像我们一样的人——我们就是你的所属部落。归属感来自你能够接受自己，而不是通过改变才能被别人接纳。
>
> 你的卡尔

在这里，萨凡纳不仅展示了她能够理解和代入小说角色心境的强大能力，也能够延伸出作为角色理解和共情自己的能力。这种多层次的思维方式能推动自我反思和自我批评，成为谈话治疗的有力补充。这是阅读过程中的多视角促进心理思考深度的典型例子，而这种思考往往就有治疗性和疗愈性。通过阅读和写作，萨凡纳发掘了跳脱自己的想法和进入他人内心世界的能力，最终在这个过程中找到了自我。阅读是开启自愈的治疗对话和改变的起点。

通过以卡尔的视角给自己写回信，萨凡纳展现了她对这个角色的深刻理解。在卡尔的回信中，她以卡尔的视角写道："那些被'排斥'、被误解，或从未被看见的痛苦"。这里以一种全新的视角，她间接地承认了自己的痛苦——这种源自生活在异性恋规范的社会，不停面临挑战而产生的痛苦——以一种富有同情心的方式对自己进行了共情。

通过与她能共情的角色产生想象中的书信来往，萨凡纳得以分享自己的困惑和痛苦，进而获得了自我安慰，表达和释放痛苦，从而对自己的现实生活感到更加平静。

以这种方式写信是一种深刻的治疗过程。它减少了读者的自我暴露程度，并且让他们在不觉察自我意识带来的痛苦的前提下分享自己内心深处的感受。萨凡纳通过阅读和与卡尔通信，进而跳出自己的思维方式，进入卡尔的内心世界，来完成心理上的转变，以此来获得更多的自我拓展思维。

将问题外化在纸上是将深埋于内心的过往创伤挖掘出来的第一步。这种自我引导式治疗对话可以带来疗愈性和修复性的改变。转变心态所带来的发散性思维能够激发新的觉察，让我们以此前无法企及的视角看待世界。我们突然间发现能够看到自己的盲点和他人的盲点。通过将自己代入主人公的境地，以及通过重新与在主人公身上发现自我的部分产生联结，我们能更好地理解他人的想法、需求和信念。

在我们的第二次咨询中，萨凡纳提到她很喜欢我推荐的另外两本书：麦肯齐·李（Mackenzie Lee）的《淑女的指南：裙摆与海盗》（*The Lady's Guide to Petticoats and Piracy*）和艾丽斯·奥斯曼（Alice Oseman）的《无爱》（*Loveless*）。她说：

> 我很喜欢这本书。这本书非常注重历史背景的

真实性，这也增加了故事内涵。并且很少有一本书能够聚焦于女性友谊，且不强制性地输出关于爱情的情节。我终于读到了全部聚焦于柏拉图式关系的，并通过努力实现个人目标而获得成就感的故事，这真是令人耳目一新。比如，读到费莉西蒂作为一名生活在18世纪的女性，面临重重困难但仍然决定学医——她的坚忍不拔确实激励我去寻找属于我的动力。我感觉我在费莉西蒂的身上找到了同样的信念，这本书就像一个巨大的提醒，告诉我即使是无性恋，也没有关系。

萨凡纳也从艾丽斯·奥斯曼的《无爱》中获得了极大的安慰。《无爱》是一本青少年小说，讲述的是一名叫乔治亚的大学生发现自己是无性恋和无浪漫主义取向的故事。这本小说探讨了在一个无性恋不被人理解的世界里，无性恋如何处理人际关系和应对社会期待的复杂性。萨凡纳兴奋地说：

> 这是一本让我感觉到自己存在的书。我感觉自己被看见了，奥斯曼真的为我们这样的人写出了友情是怎样的感觉！（在我看来）友谊没有得到足够的赞扬，其实有的时候友谊比伴侣所带来的浪漫关系更好，但我们的文化却把恋爱关系视作更好的。这太美妙了。我在这本书中发现了友谊和人际关系的哲学。

看到来访者能被一本书如此触动的感觉很棒。这对咨询师来说也是一种莫大的满足。

叙事疗法

在第二次咨询的后半部分,我将重点放在叙事疗法的使用上。叙事疗法涉及改写和重构我们的人生故事,以此来完成我们个人叙事的闭环。这个疗法将我们定位为自己生活的专家。我们创造的故事通常以时间顺序串联着我们所经历的事件和人。值得注意的是,这些故事往往模仿着一种通用的情节结构:问题、解决、转变。

叙事疗法:如何生效

当我们有勇气走进自己的故事并拥有它时,我们就能书写它的结局。

布琳·布朗

《敢于领导:勇敢的工作、艰难的对话、真诚的心》
(Dare to Lead: Brave Work. Tough Conversations. Whole Hearts)

叙事疗法源自新西兰,是由治疗师迈克尔·怀特(Michael White)和戴维·埃普斯顿(David Epston)创立的一种心理疗法,这种疗法聚焦于人们讲述的关于自己的人生故事和经历。叙事疗法旨在帮助个体以更积极、更有力量的方式理解和重构其个人叙事,并减少可能限制其潜能或造成情绪困扰的消极与破坏性叙事的影响。

在叙事疗法中,每个人会挖掘自己的个人故事,并且识别或反驳这些故事中可能蕴含的任何负面的或压抑的信念或人际模式。通过将自己的故事外化和改写,人们可以对自己的生活拥有更深入的洞察,并发展出更多的应对人生挑战时的主动性和韧性。

怀特和埃普斯顿提出的进行叙事疗法的关键原则包括:

- ♥ 问题外化:叙事疗法鼓励人们将问题视作外部因素,而不是固有的自身缺陷。通过将问题外化,人们能够获得一个看待问题全新的视角,更好地与消极的或狭隘的信念拉开距离。
- ♥ 解构主控故事:叙事疗法可以挑战导致个人困扰的主流文化叙事或社会期待。通过解构这些叙事,人们能够更好地明白自己是如何受其影响的,以及如何构建更符合自身经历和价值观的替代性故事。
- ♥ 丰富新故事:叙事疗法可以通过探索替代性视角,用积极眼光重塑消极事件,或发现看待自己他人的新方式来帮助个体创造更积极、更有希望和更有力量的新故事。

♥ 承认多重视角：叙事疗法认为，看待任何经历都可以有多重视角，因此需要鼓励人们去探索和承认这些不同的角度。通过这样做，人们可以对自己或他人的经历有更细致的了解。

往往只有在事后回顾时，我们才能理解和接受自己的过去，并在学会重新出发时释怀乃至获得希望。如果你现在正处于一段艰难的故事中，请相信这一切终将过去。

在《话语、对话与传记研究中的多样性：生活与学习的生态》（*Discourse, Dialogue and Diversity in Biographical Research: An Ecology of Life and Learning*）一书中，作者兼坎特伯雷基督教会大学教育学高级讲师艾伦·班布里奇（Alan Bainbridge）解释道："讲述一个人的人生故事可以使我们看到更深层次的东西，使我们超越时间，与过去和未来重新联结，从而帮助我们弄清自己是谁，以及从哪里获得意义。"

我向萨凡纳解释了叙事疗法的概念和目标，并鼓励她在第二次咨询结束前尝试一下。我们就此进行了简短的讨论，探讨了她对性别认同和性取向的焦虑。我们也谈到了随着时间的推移，她如何从感到羞耻转变到接受自己的性别认同，甚至重新对生活充满期待。在这次沟通之后，她写下一篇讲述自己人生的简短故事,聚焦于她的无性恋取向,以及为何她现在对自己是这个群体的一员而感到非常自豪。以下是她的故事中的一段摘录:

> 我疲于生活在一个只假定长期的、排他的亲密关系为主流的世界里,我常常对于约会和出门寻找亲密关系而倍感压力,好像我终有一天注定要安定下来,组建一个家庭。尽管我不排斥组建一个家庭,但我不确定我是否真的需要一段亲密关系或者性缘关系。
>
> 每当有人与我讲述他们对于亲密关系的感觉时,我都会有一种冲动,逃得远远的。我的直觉总是告诉我,这样是不对劲的。而现在是时候去听从我的直觉了。
>
> 阅读那些打破异性恋规范的书让人感觉如沐春风,它们启发我建立了我自己的性少数读书俱乐部,专门用来讨论性少数群体如何被代表的问题。
>
> 现在我已经25岁了,但我从未谈过恋爱,接吻或发生性行为。16岁的时候,周围的人似乎开始发生性关系,这让我感到崩溃。我还记得人们会挖苦我,认为我是一个失败者,仅仅是因为我没有相关的经验。这让我感到羞愧,好像我做错了什么,因为一定程度上我从未真正接触过"缺乏性欲或亲密需求也是可以接受的"这一观点。
>
> 直到进入大学后,我向一个朋友坦白我并没有任何性幻想或对于亲密关系的需求,然后她说:"那我

知道了,所以你是无性恋?"她和我一起讨论了所有种类的性别认同,包括不同的性取向,突然间一切都变得清晰明了。这是我第一次感觉到被理解:意识到我所经历的一切,我的性取向竟然有个专有的名字,并且这一切都是完全可以被接受的和正常的。那天的我因为这些而感到不再孤单。我意识到大学期间的友谊对我来说是如此重要,是她们的支持让我成为我自己。我确实感觉到世界在变化,接受度在增加。书籍是教育大众的第一步,(并且)为不同性别认同和性取向的人群提供了一个平台,(这样他们才能够)被听到和看到。对于性少数群体和社群,(书籍同样也是)具有疗愈性的空间。

我花了很多年,经历了很多挣扎才能够接受我自己。这是一个过程。直到现在我的家人接受了我的性取向,(才)让我进一步确认我是没问题的。有的时候有的人不能立刻理解我,也是没关系的,因为这不会给我带来任何影响。别人怎样看待我都与我无关。

艾丽斯·奥斯曼的书让我回想起中学期间的痛苦时光,我在那时感到非常焦虑和不安,不知道我是什么,也没有可以倾诉的朋友。现在事后看来,我已经拥有了当时我所期待的朋友。这让我很感激。我很感谢这段旅程,让我拥抱了真正的自己。现在我可以带着这些被支持的感觉和觉察走向未来。

现在我沉醉于在柏拉图式的关系中寻找快乐,并且我（知道了）即使没有对于亲密、浪漫和性方面的期待，也是可以与人建立一段终身的伴侣关系的。从根本上来说，标签有助于传递我们的身份认同、需求和欲望——如果标签能够帮助我们确认自己的身份，那再好不过了。但如果标签让你感觉被束缚在一个框架中，那便没有必要使用它。

萨凡纳以这种方式重构了自己的故事后，对自己的无性恋取向感到更加平静。

在情绪低落或自我怀疑时，她可以通过重读她的叙事故事或与卡尔的书信来往来安慰自己，帮助她在这个以异性恋为规范的社会中保持真正的自我。

阅读治疗工具箱

本章提及的阅读治疗技术：与主角通信、叙事疗法

推荐用于：希望洞察自己的现状，获得解脱，并且感到更有力量的人

书籍处方：

克洛迪·阿瑟诺的《纷争之城》

麦肯齐·李的《淑女的指南：裙摆与海盗》

艾丽斯·奥斯曼的《无爱》

阅读治疗技术应用：要点和练习

与主角通信：要点

- ♥ 这包括让读者准备给书中的某个角色写一封信，探讨书中内容所引发的感受、觉察或个人议题。
- ♥ 写信有助于来访者将其问题外化，因为他们开始自己掌控这个治疗过程，将其转化成一种来访者与咨询师更具合作性的协作。
- ♥ 读者应该对文中的角色有共鸣，并感到在信件中表达自己的感觉和想法是安全的。
- ♥ 接下来读者可以从角色的角度给自己准备一封回信。
- ♥ 本质上，读者是在给自己认同的角色的那部分自我写信。
- ♥ 这种换位思考可以增强自我意识、自我同理心和疗愈程度。
- ♥ 对回忆录或其他非虚构体裁，你也可以选择与作者或撰写者通信。

练 习

选择一本最近你读过的书，写下想象中你与小说中的角色或作者的一系列书信。书信写作应采用意识流方式，因此你只需要写下浮现在脑海里的任何内容，不需要修饰。

- ♥ 首先，选择要写信的作者或角色。给他们准备一封信。你可以从承认你与角色或作者（或任何人）产生了某种联结开始，也可以从对他们的经历能够感同身受开始。你是否对某种感觉或主题产生了共鸣？伤心、愤怒、恐惧、挫败、失望、背叛、失落、不公？不管是什么，把你想到的写下来，然后花一些时间完善这封信。
- ♥ 稍作休息后，切换视角，从作者或所选的角色的视角写一封回信给自己。
- ♥ 回顾和反思这些信件，思考你可能从这一过程中获得了什么，无论是自我意识、应对策略还是解脱的感觉。写完这些信件后，你的感觉如何？你对未来会有什么期待？

叙事疗法：要点

- ♥ 由迈克尔·怀特和戴维·埃普斯顿创立的一种心理疗法，强调个人叙事在塑造我们的身份认同和经历中的重要性。
- ♥ 关键原则包括问题外化，解构主控故事，丰富新故事和承认多重视角。
- ♥ 它旨在赋予个人掌控自己人生故事的能力，构建更积极的、充满希望的和充实的人生故事。
- ♥ 往往只有在事后回顾时,我们才能通过反思,写日记和重写叙事方式来了解我们的故事。
- ♥ 重写我们的故事非常重要,因为它可以帮助我们获得解脱,甚至得到重新向前走的希望。
- ♥ 它可以鼓励我们发现替代性故事,来挑战那些不再适合我们的、过时的观点和信念。
- ♥ 它可以帮助我们建立自尊,重塑自我意识。

练 习

1. 整理你的故事:从书写你的人生故事开始。这能够让你找到你自己的声音,尊重自己的经历,并且理清那些重大生活事件对你的影响,以及你对于那些事件所赋予的意义。

2. 外化:现在将你正在面对的问题行为或困扰从自己身上分离出来。这里你应该清楚地将问题和你的本质分开(换句话说,你不是那个问题本身)。比如,如果你容易生气,这并不意味着你是一个易怒的人。相反,你应该聚焦于如何应对这些愤怒的情绪。什么是原因?你可以对它做些什么?

3. 解构:将故事分解成一个个独立的小部分,这样问题就会变得更小、更可控,不再那么难以承受。

4.构建替代性故事或结果：思考替代性故事，与现在你所处的故事不同的版本或结果。例如，你可以在日常生活中做些什么来帮你应对你的愤怒？如果你不那么愤怒，生活会是什么样子？当下的故事可能会阻碍你找到不同的解释方式，令人停滞不前。发现一个不同的"结局"或现实版本可以对决策流程、行为和整体自尊产生积极影响。

> 我是一名黑人女性。不要忽视我。不要看穿我。直视我的眼睛。凝视我的目光。聆听我的心声。看见我的灵魂。看到我是谁,而不是你所希望的我。接受或者拒绝我,但不要回避真实的我。
>
> 珍妮特·奥瑟琳(Janet Autherine)
> 引自《黑人女性的心与魂》
> (The Heart and Soul of Black Women)

第8章

莎妮斯

来访者备注

莎妮斯正在寻找能够代表其境遇的角色。她希望在阅读小说中看到黑人主角。

"我希望看到更多的我：因为最近我发现我是如此的'隐形'。"莎妮斯说。

在乔治·弗洛伊德（George Floyd）被杀害不久后，我收到了许多希望阅读更多黑人作品的请求，人们希望可以借此教育自己（来理解黑人的处境）。其中莎妮斯的请求尤为引人注目。因为她自己是英国人，所以她想要阅读英籍黑人作家的作品。她想要被看到，被听见，被重视和被尊重。她希望通过阅读书籍来满足这些需求，因为书中的角色会被印在书页中，这种呈现不会被改变，借此我们被赋予了空间。因此我们存在。

20出头的莎妮斯在一家知名的会计师事务所担任会计。在私立学校里，她曾作为为数不多的有色人种女孩而被霸凌，所以总感觉自己是"异类"。这种与众不同让她对自己的身份感到自卑。她戴上面具来弥补她所认为的"不足"，期待以此来获认可。

我问她，她接受自己了吗？莎妮斯回复，她迫切地想要获得归属感。我推荐她去看坎迪斯·卡蒂-威廉斯

(Candice Carty-Williams)的《奎妮》(Queenie),一本关于一位25岁的文化记者与她的白人男友长期恋爱的小说。小说中,奎妮11岁时被母亲抛弃的经历一直在困扰着她。莎妮斯在奎妮身上可以看到自己的影子,因为她抛弃了她的黑人身份,隐藏了自己的存在。她和周围人一样,成了让自己变得"隐形"的同谋。在这一切的背后,是一种根深蒂固的羞耻感,一种对于因环境而威胁到自尊、社会地位和归属感的,完全理智化的情绪反应。

"莎妮斯,我很想进一步了解你对你族裔的看法。我想强调的是,这里是一个安全的空间,你可以谈论任何想法和经历——包括那些让你感觉不舒服甚至羞耻的想法或经历。"我小心翼翼地试探道。

在思考我的问题时,她不禁泪流满面。"这是我一直以来的感受,我发现自己很难在不够多元化的圈子里获得任何社会资本或地位——而那些不够多元的圈子,基本上就是我一生中能接触到的圈子。我已经习惯了作为一个黑人女孩,仅仅起到一个象征性作用,这让我很痛苦。"

"我感到愤怒、害怕、沮丧……有太多情绪了。之前是闪现的希望和难以置信的努力让我坚持了下来。长久以来,我一直梦想着一觉醒来,我可以拥有着一头柔顺的秀发和一双神采奕奕的淡蓝色眼睛,然后能够引起所有我想约会的男孩的注意力。这一切都非常愚蠢和有毒。"

"这像是一种无家可归的感觉,当我们没有归属感的时候。这种感觉是非常具有创伤性的——令人感到抑郁和沮丧。"我说。

莎妮斯的愿望让我再次想起了托妮·莫里森的《最蓝的眼睛》中的皮科拉，也让我想起我自己无足轻重的"隐形"经历。

"你有没有想过把你的感受写下来，把你的想法写在纸上？或许可以写成一首诗？"

在我的要求下，莎妮斯将她的感受凝练成一首忏悔诗——这种技术通常被我用来帮助来访者应对因困难事件而产生的过载情绪。表达情绪有助于消除与此相关的痛苦，而不是让这种痛苦积压在身体里，进而不可避免地沉积成创伤。

写忏悔诗

写忏悔诗：如何生效

写忏悔诗为我们提供了一个机会，让我们可以表达难以言说的感情，或一些可能被视为禁忌的东西。

忏悔诗是20世纪中期兴起的一种诗歌风格，其特点是需要在诗中进行深刻的内省。这种形式的诗歌往往聚焦于作者的经历、情感和内心挣扎，揭示了作者的生活中或内心的私密细节。忏悔诗通常被视为一种情感宣

> 泄的形式,因为它允许作者直面并表达内心最真实的想法和感受。
>
> 如果你想写自己的忏悔诗,请参阅第76~77页的"写诗:如何生效"。

在这种情况下,莎妮斯不知不觉中产生了深深的羞耻感。羞耻感是一种沉默的情绪,因为它会让我们感到我们所忍受的一切都是自己的错。莎妮斯多次对自己的诗修修改改,才完成了下面这个最终版本。

羞耻

嫌弃。羞耻。绝望。

有毒的三重奏使我心烦意乱。

我哪里出错了。

这刺痛的污名。

我的外在。

我的表达。

我的举止。

存在却不见踪影。

没人看得见我。

一件隐形斗篷。

完全笼罩着我。

偏见将其缝合。

我感觉羞耻。

只能无意识地退缩。

我的身体藏进体内。

去一个孤单的地方。

愤怒骤然升起。

怒不可遏。

这一切都不公平。

生活不公平。

我的人性何在?

尊严何在?

尊重何在?

我不是人吗。

苦涩与紧张在内心积攒。

我持续愤怒。

然后泪流满面。

悲伤占据了一切。

我们该何去何从。

怎样才能被看到?

没有条件交换?

我需要征兆,需要希望。

我会崛起,像太阳一样强大。

我会被看到。光芒四射。

我会被接受。被接纳、拥抱。

我将带着骄傲、欢乐去实现这一切。

莎妮斯的忏悔诗描述了她对于自己少数族裔身份的羞耻感，并承认了她所承受的一切和她内心的痛苦感受。诗歌的表达带给了莎妮斯急需的解脱。写完这首诗之后，莎妮斯感觉轻松了很多。在"忏悔"之后，羞耻感带来的负担减轻了。她多年来隐忍的感受——想要藏起来的感觉，想要顺从的感觉，因在学校不一样而羞耻的感觉——终于得到了释放，让她能够拥抱和接受完整的自我。

我建议她重新读几遍她的诗。每读一遍，她都说羞耻感和与之相关的失望、心痛与愤怒的感觉都减轻了。她感觉可以敞开心扉去拥抱真实的自己了。在诗的结尾，我们能够看到她对于自己更美好的未来的希冀。

另一本我认为莎妮斯会喜欢的书是伯娜丁·埃瓦里斯托（Bernadine Evaristo）的获奖作品《女孩，女人，其他》（*Girl, Woman, Other*）。这本书通过 12 个角色讲述自己的故事——每个故事都各有特色、卓尔不群——编织成一幅之前不为人所知的生活画卷，向英籍黑人女性致敬。我希望莎妮斯可以在这 12 个人身上看到她自己，进而意识到身份是流动多变的，黑人和英国人不是只有一条路可以走。

我想通过这本书给她带来希望和归属感，这是她在童年和青少年时期所缺失的。《女孩，女人，其他》一书明确指出：所有女人，无论哪种族裔，都是值得被尊重且被看见的。我希望莎妮斯能够内化这一点，从而摆脱羞耻和绝望。

除此之外，我也建议她尝试阅读一下马洛里·布莱克曼（Malorie Blackman）的系列丛书《跨爱》(*Noughts and Crosses*)。马洛里·布莱克曼是英国现存最优秀的黑人作家之一。在她辉煌的创作生涯中，她已经出版了超过60本书，并在2013~2015年被评为英国儿童桂冠作家。通过写作，她为英籍黑人开辟了能够被看到和听到的空间。我希望莎妮斯能够通过布莱克的书与其产生联结和共鸣——特别是包括六部长篇小说和三部中篇小说的《跨爱》系列。

这个系列的小说设定在22世纪的一个种族隔离社会中，肤色较深的人（文中为Crosses）是统治阶级，而肤色较浅的人（文中为Noughts）是工人阶级——这是对21世纪现实社会的一种模仿和反转。肤色较深的人在社会和经济方面拥有更强大的权力，而肤色较浅的人则被迫生活在一个对他们一直不利的系统中。通过想象一个我们熟悉的却与现实截然不同的社会，这本书更加鲜明地突出了现存的不公平现象。这为我们提供了一个全新的视角来审视生活的多种可能性，以及去创造更加公平的生活的主动性。但我仅需要她读完系列里的第一本。

在莎妮斯写完她的诗的那天，她感到稍微轻松一些后回家了。但还有许多事要做：她对于即将阅读《女孩，女人，其他》和《跨爱》系列而感到兴奋。我能从她眼中看到希望。这个世界可以向她和与她相似的人敞开大门。她现在选择的阅读方式和对象都会让一切变得不同。

当她回来进行我们的第二次咨询时，莎妮斯看起来精神状态很好，我也非常期待听到她的更多想法。

"首先，我必须说我非常非常喜欢你推荐给我的书，"她笑着说，语速很快，好像时间不够但又想告诉我很多，"读完安玛的黑人剧团的故事后，我感到非常有力量。尽管她在主流戏剧界不受欢迎，但她仍然抓住了每一次机会，将进行有影响力的表演作为自己的目标。这让我意识到我也可以在生活中做类似的事情：这启发了我，可以在城市发起一个为黑人女性服务的团体，在这里我们可以合作，确保我们的声音被听见。即使过了这么多年，我仍然感觉自己的努力和能力没有得到认可，好像只是因为公司需要在多样性的方框里打钩，我才获得了一席之地，然后他们就可以拍拍屁股走人了。现在我意识到我还有很多事情可以做，我不能再继续袖手旁观。我必须为我所追求的做出改变。"

"太棒了。"我不想说太多，因为那一刻，我知道莎妮斯需要倾听。

"但我认为除此之外，我还沉迷阅读那些因自身族裔而感到被排斥的黑人故事，他们的阶级、性别认同和性取向如何影响他人对他们的看法，以及影响他们如何看待自己。埃瓦里斯托对黑人女性的描述令人感到既熟悉又陌生，但所有的角色都让我产生了共鸣，在她们的陪伴下我感到很安全。这些女性尽管自己也在挣扎，但仍然选择向他人伸出援手。她们彼此之间的联结证明了我们如何紧密地团结在一起，也展示了我们有能够相互扶持的力量。这便是我创立'都市黑人女性团体'的灵感来源。现在我甚至在考虑是否要给埃瓦里斯托发一张邀请函了!"

"莎妮斯,听到这本书对你产生如此积极的影响,我很高兴。"我对莎妮斯产生了一种类似母性的关怀,在得知她读完《女孩,女人,其他》后感到乐观和充满希望后,我感到非常开心。鉴于她如此热烈的反应,我很好奇她对于《跨爱》的看法。"那你对马洛里·布莱克曼的作品有什么看法呢?"我问道。

"读到如此想象力丰富、不拘一格的作品,令我感到耳目一新。萨菲和卡鲁姆的关系让我想起了莎士比亚的《罗密欧与朱丽叶》(*Romeo and Juliet*)。他们都是理想主义的年轻人,在一个对他们来说毫无意义的分裂的世界中长大。这本书令我深刻地意识到,'异化'帮不到任何人,分裂如何吞噬了那些带有偏见的人的人性,最终只会带来更多的恐怖和痛苦。总的来说,这些书对我来说很有帮助。我还需要读读坎迪斯·卡蒂 - 威廉斯的《奎妮》,所以我很期待《奎妮》会给我带来什么启发。"

对莎妮斯来说,在文学作品中读到可以代表她的人物就意味着阅读她自己。这将她被忽视和被迫沉默的经历搬上了纸面。她感觉被从阴影中拉了出来,置身于一个"明亮、阳光明媚、充满暖意的空间"。这是一种恢复,带来了联结、肯定和觉察。所有的这些都是构成治疗过程的元素。

精神病学家兼神经科学家格雷戈里·伯恩斯(Gregory Berns)在《自我欺骗》(*The Self Delusion*)中指出,我们的自我身份认同是短暂的,总是会随着我们处理来自外部（来自我们的周围）和内部（来自我们的记忆、内心深处的想法和愿景）的新信息而发生改变。[41] 我们可以塑造我们的内心主角。伯恩斯进行了一项实验去验证一本书是否可以永久改变我们的大脑，或者至少能够产生一些长期的影响。[42] 他让一组被试去阅读罗伯特·哈里斯（Robert Harris）的《庞贝》（Pompeii），该书改编自古意大利的维苏威火山喷发的真实故事。之所以选择这个故事，是因为它的叙事性很强。故事中的主人公观察到围绕在火山周围的蒸汽而感到担忧，他返回去拯救他所爱的女人，而镇上的其他居民都没有意识到火山即将喷发的迹象，直至悲剧发生。实验中的一个环节是伯恩斯将小说划分成九个部分，然后要求被试们每天阅读一个部分，持续九天。被试在晚上阅读过后，第二天的早上需要进行fMRI扫描。实验结果非常能够说明问题：读者往往感觉他们置身于主角的身体中——或者更准确来说，在静息状态下的fMRI扫描中，大脑会出现亮光，仿佛被试自己正在经历所阅读的事件。通过这种方式，我们拥有了主人公的身份，从而支持了这一理论：我们的大脑在持续不停地调整和适应，为我们走向新可能和新生活敞开大门。

对莎妮斯来说，我们揭开了她掩埋多年的痛苦经历。现在我们需要花时间去关注和治疗她的伤口，同时给予它们愈合的时间。这是一个过程。

我还希望帮助莎妮斯准备一套工具包，用于应对未来可能出现的伤害：或防止伤害带来痛苦，或帮助她减少痛苦。本书所有创造性的阅读疗法实践都可以成为未来痛苦管理工具包的一部分，为我们提供与自己、与他人建立联结的绝妙方法。当我们找到联结时，我们也可以触及我们的情感并且释放它们。

我想再为莎妮斯推荐几本充满希望的书，来填充她的工具包。这些书由世界各地的作家撰写，展示了人们如何在种族主义下不仅生存下来，甚至"茁壮成长"，其中包含着美国高产作家玛雅·安吉洛（Maya Angelou）的《我知道笼中鸟为何歌唱》（*I Know Why the Caged Bird Sings*）、特雷弗·诺亚（Trevor Noah）的《天生有罪》（*Born a Crime*）、纳尔逊·曼德拉（Nelson Mandela）的《漫漫自由路》（*Long Walk to Freedom*）和玛格丽特·巴斯比（Margaret Busby）的《非洲新女儿》（*New Daughters of Africa*）。

为了补充和平衡这些书，我还添加了一些英籍黑人作家的小说，包含黛安娜·埃文斯（Diane Evans）的《普通人》（*Ordinary People*）和伊薇特·爱德华兹（Yvvette Edwards）的《母亲》（*The Mother*）。此外，莎妮斯还在期待着在当天夜里阅读坎迪斯·卡蒂-威廉斯的《奎妮》。

阅读治疗工具箱

本章提及的阅读治疗技术：写忏悔诗
推荐用于：找到自己的声音，理清自己的感受

书籍处方：

坎迪斯·卡蒂-威廉斯的《奎妮》

马洛里·布莱克曼的《跨爱》

伯娜丁·埃瓦里斯托的《女孩，女人，其他》

玛雅·安吉洛的《我知道笼中鸟为何歌唱》

特雷弗·诺亚的《天生有罪》

纳尔逊·曼德拉的《漫漫自由路》

玛格丽特·巴斯比的《非洲新女儿》

黛安娜·埃文斯的《普通人》

伊薇特·爱德华兹的《母亲》

阅读治疗技术应用：要点和练习

写忏悔诗

详情见 87 页的"写诗：要点"。

练 习

- ♥ 写一首诗，讲述关于一个对你产生深刻或惊人的情感影响的事件。
- ♥ 谈谈这个事件带给你的感受，以及你为什么选择写下这个事件。

- ♥ 让你的文字自由流淌；不要拘泥于形式或压抑过多的思考。写下你的第一反应，专注于创作和诗歌本身。排除所有其他干扰。
- ♥ 将诗稿放置一段时间，稍后再回过头来看看。你还会有相同的感受吗？根据需要编辑它，直到你觉得自己的真实情感都跃然纸上。
- ♥ 反思一下，看看随着时间的推移诗带给你的感受。你有了不同的感受吗？写下这首诗之后，你是否注意到了一些积极的变化？你的行为有发生任何改变吗？

当我们写诗时，诗中蕴涵了我们的情感、欲望与恐惧，这也就同时在改变着我们内心的一些东西。这类似于一种治疗性干预：它正在解决我们痛苦的记忆，并通过传达真实感受，将我们带到一个轻松和令人释然的地方。这是迈向疗愈和内在平静的第一步。

> 用言语把你的悲伤倾泻出来吧,无言的哀痛会向那不堪重压的心低声耳语,叫它裂成一片片的。
>
> ——莎士比亚《麦克白》

第9章

瑞娜、戴薇、黛博拉和艾米

来访者备注

一个由亚洲母亲组成的团体,她们的孩子在年幼时离世,或她们自己曾经历流产的痛苦。

除了在一对一的咨询里使用阅读疗法，我有时也会在小团体中运用。我曾帮助过一个由当地社区发起的支持性团体，团体成员都是失去幼子或经历过流产的亚洲母亲。任何经历过丧亲之痛的人都能告诉你，那是一种多么摧毁人生的体验。悲伤以多种形式呈现，它能令人震惊、把人压垮、将人摧毁、使人动弹不得。它还可能激起愤怒，随后便是吞噬一切的悲伤。最重要的是，悲伤是复杂、混乱的，没有一种固定的应对方式，它是一个人独自的历程，只能由我们自己去经历，但当我们与那些可能正在经历同样情感的人产生联结时，这种联结是极其深刻的。在群体中哀悼相比独自哀悼，痛苦感会减轻一些。

在印度的文化中，当一个人去世，其直系亲属会在事情发生后 10～14 天内与远亲和朋友聚集在一起，这样他们就不会独自哀悼了。然而，对于流产，人们几乎避而不谈，更不用说去哀悼了。流产的印度女性被一层羞耻的阴霾所笼罩，使她们难以面对和处理自己的悲痛。

这个阅读治疗团体包括四位女性成员：瑞娜、戴薇、黛博拉和艾米。为了使这些母亲能建立起亲密无间的关系,安心且舒适地参与进来,故将其设计为一个人数较少的小团体。瑞娜婚姻美满,却在怀孕初期不幸失去了第一个孩子。虽然丈夫给予了她莫大的支持,但她仍然难以向家人倾诉这份失去的痛苦。戴薇来自威尔士,经由包办婚姻结识了她的丈夫。她曾有一个三岁的儿子,不幸在一场意外中离世。此后,她又生下了一个健康的男宝宝。黛博拉有一个四岁的女儿,然而,六个月前的一场流产事件仍让她沉浸在悲痛之中,那感觉就像一道始终无法愈合的、新鲜的伤口。虽然她已经在朋友的陪伴中找到了些许安慰,但她内心深处仍然渴望解脱。有时,她觉得这一切都难以承受,她仿佛有两个自己,一个是表面"一切都好"的自己,另一个是内心"悲痛欲绝"的自己,这让她感到筋疲力尽。团体中最后一位成员艾米原本居住在圭亚那,与丈夫相遇后迁居至英国。一年前,她曾不幸流产,但她和丈夫都没有对此进行深入交谈,她也不想尝试再要一个孩子了。这四位女性都接近或已步入 40 岁,她们几乎没有主动寻求过专业帮助。她们觉得,尽管这些沉重打击在她们所在的群体中很常见,但她们的经历并不是那种可以公开谈论的话题。她们的丧失没有得到任何形式的正视或接受,这更加重了她们的羞耻和心痛的感觉。当我向她们解释阅读疗法的原理,并说我们将重点运用诗歌疗法这一非常适合团体的方法时,这些女士表现出了极大的兴趣。

诗歌疗法在团体阅读疗法中的运用

团体阅读疗法：如何生效

团体阅读疗法是一种干预方式，它利用文学作品或其他文本材料来帮助个体在支持性的团体环境中探索自己的情感、想法和行为。

在团体阅读治疗中，带领者或阅读治疗师会选择与团体需求和兴趣相关的小说、诗歌或个人随笔等文本材料。随后，参与者将会单独或集体阅读所选材料，并留有时间进行反思。带领者则会给出指导语或提出问题以引导团体讨论，并鼓励参与者分享自己对阅读材料的思考和感受。

在讨论文学作品的过程中，参与者或许能对自己的经历有新的领悟，从他人的经验中学习，并找到应对挑战的新策略或思维方式。

团体阅读疗法也能为那些在困境中可能感到孤立无依的个体提供一种社会归属感和社会支持。

团体阅读疗法的优势

- ♥ 团体中的自我表达：在团体中表达自我，能让个体的声音和感受被听见、被见证、被认可。这具有治疗和疗愈的作用，能帮助个体提升自尊和自信。
- ♥ 创造力：将反思记录下来或进行讨论，能够激活个体的创造力，从而促进疗愈。创造力需要一种正念状态，这种状态能带来放松感，并帮助个体更加了解自己的想法和情绪，进而提升自我意识和解决问题的能力。
- ♥ 联结：将反思和/或写作分享出来，个体能够在团体中感受到更深的联结。这不仅能促进团体成员间的情感共鸣、相互理解和支持，还能营造团体归属感。同时，也激励着团体的积极性和对治疗过程的投入。
- ♥ 自我审视：个体在给予和接收反馈时，会提升自我觉察，获得新的视角，并在学习新应对策略的同时，更好地理解原有的应对策略。
- ♥ 思维多样性：不同的视角有助于更全面地理解正在讨论的主题或问题，从而能让个体在深思熟虑后得出更加明智和周全的决策与观点。

以诗歌为治疗媒介的文学反思练习：如何生效

我们大概也要允许诗歌的拥护者（他们自己不是诗人，只是诗的爱好者）采用非诗歌的语言来为诗歌辩护,说明诗歌不仅是令人愉快的,并且能够给共同体和人类的生活带来有益的东西。

柏拉图

《理想国》(*The Republic*)

这一技术的开展具体可参考第 71~72 页的文学反思练习框架。

为什么诗歌疗法在团体阅读治疗中有效

- ♥ 诗歌篇幅适中,适合在一次团体治疗上阅读并讨论。
- ♥ 诗歌能快速引发情感共鸣,使团体成员有机会联结彼此,分享自己的感受,从而在一次团体治疗上展开讨论和反思。
- ♥ 在两次团体治疗的间隔期,成员们有时间对这些感受进行思考,然后在下一次团体治疗上进一步讨论和反思。
- ♥ 在阅读诗歌后,治疗师会邀请团体成员尝试写下自己的诗作为回应,用文字来抒发内心的思绪和情感。这样的做法有助于写诗的人缓解内心的痛苦,达到宣泄的效果,同时也能让其他团体成员在共鸣中受益,共同在分享的经验中找到心灵的慰藉。

在相互介绍后，我们开始了第一步——制订信任契约。我们明确指出，团体内讨论的所有内容都将严格保密，不会外泄。在确立了这些基本规则后，我向女士们介绍了我们的第一首诗，约翰·奥多诺霍（John O'Donohue）的《致哀伤》（For Grief）。我们轮流朗诵了这首诗，这首诗极具冲击力。女士们探讨着奥多诺霍如何精准地描绘了她们的悲伤感受，就像他也亲身经历过她们的痛苦一样。她们分享道，有时生活似乎重新焕发了生机，但悲伤却会毫无征兆地卷土重来，再次将她们笼罩其中。"你失去了什么，无人真正知晓。"这一诗句在第九行中被凸显，或许是最为深邃的真理。这些女性曾一度在与亲友的对话中难以启齿自己的内心纷扰，而现在，她们却能够向彼此打开心扉，毫无保留地谈论各自的痛苦，这着实令人感到神奇。在这个空间里，那些曾让她们默默承受痛苦的外部压力似乎都融化了，团体的每位成员都突然发现自己与那些同样了解她的丧失经历的人——那些曾与她走过同样道路，体验过同样痛苦的女性——在一起。她们之间建立了一种深厚的情感联系，逐渐开始放松，因为她们意识到自己身处一个安全的空间，无须隐藏自己的悲伤。这里没有羞耻、评判和愧疚的容身之地。

谈话间，艾米提到，她发现自己难以像其他人那样表达悲伤。她想这正是她和丈夫忽视了自己的悲伤，同样也回避谈论再要一个孩子这个话题的原因。

我试着了解更多，温和地问道："你一直都很难表达自己的悲伤吗？"

"对,"她点了点头,"我几乎不哭。这对我来说太难了。"

"你上次哭是什么时候?"我好奇地问。

"放开了哭吗?我还记得母亲去世时我有多么伤心。那时我才四岁,母亲走后,祖母便接管了照顾我们的责任。我们一共有四个兄弟姐妹,我是第二小的。我父亲在我两岁、妹妹才六个月大的时候就离开了家,母亲则在两年后去世。"

"四岁的小孩要经历这样的事情,肯定是极其残忍的。"我柔和地说道。

"是的,真的很残忍,让人心碎。"艾米平静地回答道。

戴薇哭了起来,泪水不断从她的脸颊滑落:"我真的很抱歉。我只是想到我的儿子,我根本无法想象他没有了我会怎么过。"

尽管艾米依旧表现得很冷静,但戴薇对她母亲去世的强烈感受还是让她有些意外。这在团体治疗中时有发生,我们会开始接纳他人的痛苦情绪,为那些无法承受的成员承担并传达他们的情感。戴薇正在为艾米做这样的情感传递。艾米难以表达她的悲伤,因为这很可能让她回想起自己的童年和离去的母亲,那份哀伤仍未完全释怀。她还有很多泪水需要释放,很多哀伤需要表达,既为了母亲离世带来的丧失感,也为了那次不幸的流产。我希望艾米能在下次团体治疗前好好想一下,她该如何表达因这些重大丧失而一直深埋心底的痛苦和悲伤。

而后，我邀请这些女士针对约翰·奥多诺霍的《致哀伤》以及我们讨论过的他的另一首诗《致爱人的逝去》（*On the Death of the Beloved*）写一篇个人感想，以便我们在下一次团体治疗时分享和讨论。

"脑海中浮现的任何东西都可以写下来，"我引导她们，"它可能是一个想法、一个词语、几个短语、一句名言、一种感受、一段记忆、一个故事、一本书的名字、一条有帮助的建议。你甚至可以写一首诗。不管是什么，尽管去写，就像你写的这些东西不会被任何人看到一样。这是你的安全空间。要记得，你只需要分享你觉得舒服的内容。我们在这里不是为了评判或批评。当然，如果你写不出来，也可以试试用语音记录你的感受。有时候，说出我们内心的感受比写下来更容易。"

在团体治疗结束的时候，我们发现最初的那种紧张感不见了，她们也都感到了些许释然。

一周后我们再次相聚，那是在10月一个阳光明媚的星期三。那天异常温暖。四个人都准时到达了。团体治疗有一种特别的魔力，使得每个人都会准时参加。我想这是因为那种彼此间的联结和归属感，你想要为了那些与你坦诚分享过自己痛苦的人而到场。

房间里同步的能量仿佛是一场久旱后的甘霖，尽管无人带着欢快的情绪走进来，但那份宁静与平和却透露出，女士们在这个空间里以及彼此之间都感到轻松自在。她们在日记里记录的话语，提醒她们自己的感受并未被忽视，而是将在接下来的环节中由团体见证。这便是团体阅读疗法的力量所在。

黛博拉总是有很多话想分享,她富有洞察力,并且经常听从内心的直觉。

她说道:"我读了奥多诺霍的诗歌,同时也回想了我们上次的谈话。天啊!有太多值得分享的了。我最大的感受是我没那么孤单了。突然间,我有了一个属于自己的空间,可以在那里生气,感受自己的痛苦。这真是一种解脱。我发现我和艾米情况类似,我从未真正表达过愤怒。嘿,你知道吗?我压根儿没学过怎么发火。在我们家,一切都要按照规矩来,保持冷静,还要懂得感恩。虽然这些确实都是挺好的品质,但愤怒这种情绪却总是被忽视,好像得害怕它似的,而不是去感受它。最近在读奥多诺霍的《致爱人的逝去》时,我有很多的感悟都想和大家分享,我先挑一段日记里的内容读给大家听吧。"

她读道:

> 约翰·奥多诺霍的诗歌《致爱人的逝去》是对哀伤、丧失和爱的永恒力量的真挚体悟。这首诗描绘了失去所爱之人所带来的巨大痛苦,并为哀悼中的人们送去了温暖人心的慰藉与希望。那些对于丧失的描述真实得可怕,它们帮我正视那巨大的丧失,以及无处不在的空虚和黑暗。奥多诺霍提到了我们与所爱之人之间深刻的联结,以及他们离去后留下的巨大空虚

感。随着诗歌娓娓道来,奥多诺霍开始探讨即使在死亡之后,爱仍然持续存在的观点。

他谈到我们所爱之人是如何通过我们拥有的记忆和我们持续感受到的爱,在我们心中继续存在的。同时他也鼓励我们要珍惜这些记忆,并明白即使亲人已经离世,但在某种意义上,他们仍然与我们同在,这能带给我们心灵上的慰藉和安慰。

黛博拉还写了一首诗来抒发自己读过《致爱人的逝去》这首诗后的感受:

这感觉如同天崩地裂。
我的双脚感觉不到地面的坚实。
我双眼紧闭,肌肉紧绷。
我本能地应对着感受到的危险。
原来这是真的。
孩子已经不在。这不可能!
我大声尖叫。
然而,这是真的,千真万确。
我感到胃部一阵翻腾。
我渴望一直尖叫。
没有任何东西能平息我无边的怒火。
经过了一段似乎永无尽头的时光,
泪水终于涌现。

> 就像奥多诺霍所描述的悲伤之绳那样,
> 最后一缕悲伤也缠绕上心头,
> 我的眼睛已经酸痛不堪。
> 我承认了失去的事实。
> 你烙印在我的灵魂之上。
> 你参与了我的每一次呼吸。
> 你填满了我的心房。
> 你刻入了我的骨髓。
> 我知道,
> 未来的某天,
> 我们会以不同的方式重聚。
> 我们会重新回到彼此身边。
> 可能在我们无法看见的地方,
> 也可能在宇宙的某个角落。
> 我们会重聚,
> 不再分离。

"直击人心,真挚坦率,毫无掩饰!"听完黛博拉的分享,我不禁说出了这三个词,团体的其他成员也都点头表示赞同。这些话的力量在黛博拉心中引发了某种改变,她终于忍不住泪水。

"我打算今天让自己大哭一场,我需要这样,我会珍惜每一个可以表达我的悲伤的机会。"

黛博拉说完这些话后,戴薇也忍不住开始哭泣,两人之间交换着泪水、拥抱和纸巾。这是一个情绪宣泄的时刻。我希望这一刻能持续下去,直到它自然结束,团体阅读疗法正在发挥它的功能。痛苦得到了释放。它不再存在于你的身体中,你的脑海里,或是你的文字里。它消散在空气中。

团体再次陷入了沉默。戴薇想要接下来发言,她有些紧张,整理了一下思绪,然后开始读起她的日记:

> 奥多诺霍的《致爱人的逝去》真的触动了我内心的某处。我小儿子的爱就像初升的太阳,让我的日子充满光明。他的声音对我来说如同天籁,有时那声音仍在我耳边萦绕,仿佛他就在那里,随时准备对我说:"妈妈,别难过,别哭。我一直都在这里。你只是做了一个噩梦!"如果这是真的,那该多好啊,我的宝贝。
>
> 奥多诺霍捕捉到了那些让一位悲痛的母亲深感共鸣的细节,他真的知道失去亲人的滋味,这让我泪流满面。就像一股痛苦的洪流倾泻而下,泪水不停地流淌,我也不知它会流向何方。渐渐地,泪水止住了,我开始感受到来自我的小男孩的温暖,无论他在哪里,都在激励着我勇敢地活好每一天。他安慰着我,抚慰着我,给我信心。
>
> 奥多诺霍在诗中暗示,他与儿子终有一天会重逢;而我同样也在期盼着那一天。我每天都努力让自

> 己接受你不在身边的事实,因为我深知我们很快就会团聚。这是我心中一直持有的信念——重逢,是这条漫长而黑暗的道路尽头为我点亮的明灯,也是我面对困境、保持坚强的精神支柱。

随着戴薇分享完自己的日记,自信笃定和平静安心的状态也悄然而至。

尽管艾米仍然保持着冷静,但她的眼中闪烁着泪光。这些泪水始终停留在眼角,没有顺着脸颊滑落。我却能真切地感受到一种变化正在发生。她已经迈出了悲伤的第一步,对于很难表达悲伤的她,这极为关键。而当下,她正在体会这种感受。这也是治疗中重要的一部分,允许自己去感受所有。

"我很高兴看到你尊重并接纳自己的悲伤。"我对艾米说。我不想破坏这个自然流露的过程,也不想让她觉得不好意思或被人看穿,以免那份不自在感压过了真正的哀伤。

受到鼓舞后,艾米决定自己也来分享,只听到她那可爱、如丝般柔滑的声音:

> 在上一次团体治疗中,我最大的收获是意识到自己从未真正感到过悲伤。我因为害怕而不敢流露悲伤,它太痛了,我总是避开它。因此,我尝试通过诗歌来唤起自己的悲伤情感。

一开始，这个练习对我来说相当困难，有那么一会儿，我完全没有任何感觉，脑海里一片空白。因此，我选择了先大声朗诵这些诗歌，然后再用录音的方式即刻记录下自己当下的感受。

《致哀伤》深深触动了我，尤其是奥多诺霍描绘的那种起伏波动的状态。有些日子，你醒来时心情愉悦，但下一刻这欢愉便破碎，你猛然发现自己正置身于这股黑色的悲伤洪流之中。我总能体会到这种不一致，尤其当我独处时，这种感觉最为糟糕。这些起伏跌宕真的很折磨人，我不停地崩溃、破碎又不断地将自己修补、重建。而我觉得我不应有这样的情绪，我需要为了我的丈夫和家人坚强起来，就像我妈妈去世时我逼着自己坚强那样。在那之后，我一直在照顾我的小妹妹，几乎是我亲手将她带大的。我把这些痛苦的感觉抛在脑后，用食物、音乐和锻炼来分散自己的注意力。现在我才意识到，我一直在逃避这些令人难受的感觉。

当我再次听自己的那段录音时，泪水不由自主地滑落。倾听自己的痛苦让我得以释放，可以痛快地哭泣。这感觉强烈而有力，就在那一刻，我突然知道自己该做什么了。语音日记帮助我与自己产生了共鸣，这种与自己建立情感联系的方式显得尤为深刻。我想，以后，当我遇到情感上的困扰时，就会采取这种方式来处理自己的情绪。

瑞娜是这群人中最为羞涩的一个,她也鼓起勇气,静静地读起了日记里的文字:

> 对我来说,最大的收获是意识到没有什么可羞耻的。这种事在很多人身上都发生过。我们怎能因为这种事而受到指责或被贴上标签?听到这里每个人的经历,我感到自己并不孤单,既往发生的事,也不是我的错。长期以来,我都觉得自己不够好。而这样的事发生在很多女性身上,我们不去谈论它,反而觉得这种可怕的、不公平的事所带来的痛苦需要我们独自去承受,羞耻感也让我们备受折磨。就好像我们做错了什么似的。但实际上我们谁都没有错。失去孩子并不是我们的错,发生了这么可怕的事,我们为什么要感到难为情呢?为什么我们得不到安慰,反而要面对指责?为什么没有更多的支持?我们本该哀悼,为何要感到羞耻?
>
> 这是我第一次能够去关注自己真正失去的东西。就像奥多诺霍在其诗作《致爱人的逝去》中所写的那样,我感觉自己与阿米拉(她本打算给孩子取的名字)产生了联系,仿佛她真的来到了这个世界。尽管我从未有机会与她相见,但我已感受到了她所带来的活力。她点亮了我的生活,为那些灰暗的日子增添了色彩。如今,我能在每一次呼吸的节奏中感受到她的存在。她就在我身边。我们终将在未来的某个时刻重

逢，这给了我安慰、喜悦和一种别样的希望。

在撰写日记和反思诗歌的过程中，这个团体开始在她们所有的写作和反思中发掘出了一个潜在的主题：寻找一种方式，让自己与已故亲人的联系得以延续。这也在情理之中。哀伤领域研究者威廉·沃登（William Worden）在其著作《哀伤咨询与哀伤治疗》（*Grief Counselling and Grief Therapy*）中阐述了处理哀伤情绪必须完成的四个步骤，最后一个步骤是"在步入新生活的同时，与逝者建立长久的联系"（前三个步骤依次为"接受失去的现实""处理失去的痛苦"以及"适应没有逝者的新生活"）。

她们心中那份对逝去亲人的持续怀念，成为这四个既勇敢又美丽的女性心中反复涌现的渴望。鉴于此，我觉得用鲁米的《窗》（*The Window*）来作为结尾再合适不过了：

你我天各一方，

但我心中的窗户却与你相通。

从这扇窗，

我如月光般悄无声息地向你传递着消息。

我流下了苦乐参半的泪水。但重要的是，我感到这些女性已经在处理哀伤的道路上取得了一定的进展。现在，她们拥有了诗歌这一宝贵的资源，每当她们需要释放情感，或者想要通过某种方式来提醒自己情感的重要性时，都可以借助诗歌。她们不再压抑自己的情感，也不再觉得自己的情感无法表达。现在，她们可以通过诗歌和觉察来疗愈自己，并与自己信任的人分享内心的想法。

瑞娜对自己流产的经历不再那么羞耻，能够坦然面对并公开谈论。而黛博拉则开始更多地释放自己的愤怒，她意识到这很重要，也在学习如何真正地去表达，毕竟她已经压抑了这么久。诗歌为戴薇带来了希望，并激发了她心中的积极愿景，这些愿景不仅帮助她接受了哀伤，也使她可以去面对生活中的挑战。艾米终于踏上了她长久以来一直回避的悲伤之旅，这是她三十多年来一直在逃避的。诗歌和团体的联结成了她们疗愈旅程的催化剂。

阅读治疗工具箱

本章提及的阅读治疗技术：团体阅读疗法、诗歌疗法、文学日记

推荐用于：应对哀伤、羞耻、愤怒、悲伤、失望及孤独等情绪；同时，也有助于实现内心的释怀

诗作处方：

约翰·奥多诺霍的《致哀伤》与《致爱人的逝去》

鲁米的《窗》

阅读治疗技术应用：要点和练习

团体阅读疗法：要点

- ♥ 团体阅读疗法运用文学或书面资料，在具有支持性的团体环境中，协助人们探究他们的情感、想法及行为模式。
- ♥ 引导者或治疗师会挑选适合团体需求和兴趣的文学作品，参与者既有机会单独进行反思，也会在团体中一同进行反思。
- ♥ 团体成员围绕文学作品展开讨论，彼此交流想法和感受，从而对自己的经历有了新的领悟。
- ♥ 团体阅读疗法可以为那些感到孤独的人提供社会支持和归属感。
- ♥ 通过在团体中分享自己的反思和写作，我们可以与他人建立联系，从而增进同理心和理解，提高团体的积极性和投入度。
- ♥ 不同的思想、观点能够让我们对一个主题或问题有更全面的认识，进而做出更明智的选择。

练 习

此活动专为那些希望参加读书会，或希望与家人、朋友通过文学作品进行深刻且亲密的讨论的读者设计。

- ♥ 根据你们团体的需求和兴趣，挑选一篇合适的作品。它可以是小说、短篇故事、诗歌或者个人随笔。比如，如果团体正在处理哀伤和丧失的议题，那么可以选择克莱尔·哈纳尔（Clare Harner）的诗歌《不朽》（*Immortality*）。
- ♥ 请确保团体内每位成员都持有一份阅读材料，并给予充足的时间供其阅读。请大家在阅读过程中，将那些触动自己或自己认为特别有意义的段落画下划线或高亮显示进行标记。
- ♥ 当每个人都阅读完材料后，请让他们谈谈由此引发的想法和情绪。你可以采用如下的引导语：
    - 这篇文学作品激发了你的哪些情感？
    - 有没有哪些语句或段落让你印象深刻？请说明原因。
    - 这篇文学作品与你的个人经历有何关联？
    - 你能否从中获得一些有益的见解或人生教训？
- ♥ 鼓励大家积极发言，彼此回应，并分享自己的观点。你可以引导小组讨论，或者将小组分成更小的两人一组，进行更亲密的交流。
- ♥ 作为活动的组织者，你应亲自参与并倾听团体成员的发言，在必要时给予支持，提供肯定和鼓励，使讨论的方向更加积极且充满力量。

> 通过参与这项活动,参与者可以探索自己的情感,与他人建立联系,并获得新的见解和视角。

文学日记:要点

请见第 79 ~ 80 页。

写诗:要点

请见第 87 页。

以诗歌为治疗媒介的文学反思练习:要点

请见第 71 ~ 72 页。

> 我们是梦想家、发明家和艺术家。我们以不同的方式思考，以不同的方式看待世界，以不同的方式解决问题。正是这种差异让患有阅读障碍者的大脑焕发出光彩。
>
> 蒂法尼·森迪（Tiffany Sunday）
> 《阅读障碍的竞争优势》（*Dyslexia's Competitive Edge*）

第10章

里奥

来访者备注

里奥今年八岁，由于患有阅读障碍，他在阅读方面非常吃力。

"那些字母正冲我扑过来!"里奥哀号道,"我不想再读了!我累了!"

里奥是一个八岁的男孩,就读于伦敦北部绿树成荫的一所公立小学。当他开始把阅读作业带回家时,他的母亲苏珊娜第一次发现他有阅读障碍。他的老师注意到他在拼写 b 和 d 时很吃力,而且单词拼写错乱:there 会拼成 three,heart 会拼成 hreat,wheel 会拼成 wheelle。他知道所有算术题的答案,只是会把数字写错。学校为他安排了一名特殊教育需求协调员,在学校里帮助他,确保他得到适当的支持。苏珊娜后来通过私人评估确认了他的诊断。

"当他被要求朗读时,他在学校的朋友们都会咯咯笑着取笑他,他受不了,"苏珊娜解释道,"他们经常会忘乎所以地唱着歌:'里奥是个傻读者,里奥是个傻读者!'"

由于学校生活的大部分时间都是围绕阅读展开的,我能感受到里奥和他母亲的沮丧和绝望。苏珊娜一直在听我和一位语言治疗师录制的播客,名为"培养阅读和讲故事的人",内容是培养青少年对阅读的热爱。她对阅读治疗非常着迷,认为这种治疗可以帮助里奥解决阅读困难、阅读动力下降等问题,还可以帮助他调整这些情绪:沮丧、失望、羞耻和信心下降,因为他在学校里勉强才完成了识字课程。

里奥是个聪明的男孩,词汇量惊人。他唯一做不到的就是把这些惊人的知识汇集到纸上。单词在他眼前飞舞,他却无法将它们固定下来,结果导致发音错误;或者他觉得甚至无法看一眼纸页,因为"单词在搞怪"。

那天早上,苏珊娜带他来见我,希望我们能帮助里奥建立自信,让他对书籍产生兴趣,减轻他在阅读和写作方面的痛苦感和羞耻感。虽然他在学校接受了额外的一对一支持,但她希望他能以一种不同的方式参与阅读,这种方式能让他痊愈并找到快乐、安慰和理解。

使用图画小说进行文学反思练习

我立刻想到了图画小说。对于不情愿阅读的孩子来说,图画小说是建立自信心的最佳工具,因为它们通过引人入胜的插图和故事吸引孩子的注意力,同时又避免了孩子在阅读更基于文本的书籍时需要做的乏味工作。图画小说还能轻松扩大孩子的词汇量,因为插图让孩子更容易理解和掌握所使用的语言。我们可以利用故事和情境来处理它们在孩子身上引发的情绪,解决孩子可能难以用语言表达的问题。

使用图画叙事的文学反思练习:如何生效

图画叙事,包括图画小说和图画回忆录,是成人和儿童的完美的治愈性文学。虽然漫画书已经存在了上百年,[43] 但又出现了一种新的图画故事分支,即"图画病历"[44],其本质是以图画形式呈现的身体或心理健康叙事。这些图画病历为读者提供了对自己疾病的洞察,因为它们与主人公在身体疾病或心理健康状况方面的个人经历有关。它们在心理健康领域非常有效,可以帮助那些与抑郁症和创伤后应激障碍做斗争的人。[45] 例如,阿特·斯皮格曼(Art Spiegel)创作的图画小说《鼠族》(Maus)通过拟人化的动物形象描绘了大屠杀的恐怖,并探讨了代际创伤和幸存者的内疚感,而纪尧姆·桑热兰(Guillaume Singelin)的《创伤后应激障碍》(PTSD)则探讨了退伍军人从艰难的战争中重返家园后在创伤中挣扎的现实。

通过这种方式,图画叙事促进读者提升心理健康素养,[46] 让读者深入了解心理健康问题和主题,为读者提供更多了解自己的心理健康疾病或问题的机会,同时也验证他们自己对此的理解和经验。

图画叙事还很能吸引"不情愿的读者"群体。许多对阅读兴趣不大的年轻人和成年人仍然喜欢图画小说或图画回忆录。这些群体的读写能力可能较低，词汇量也较少，但他们可以通过阅读这些图画叙事来提高这些技能。

图画叙事如何帮助治疗过程

- ♥ 通过视觉叙事，图画小说的叙事方式超越了传统小说的线性随笔方式，捕捉了叙述者或艺术家真实的社会经验，捕捉了姿态、动作和发生的时间，使其比传统小说更具吸引力和沉浸感。[47]
- ♥ 图像和文字的使用使读者更容易在情感层面上与故事、作者或艺术家产生联结和共鸣。
- ♥ 通过图像和文字，图画小说更容易引发对心理健康问题的讨论，否则直接讨论这些问题会过于困难或痛苦。

使用图画叙事的文学反思练习

要使用图画小说进行文学反思练习，请应用第71～72页的"文学反思练习框架"。

儿童图画小说的使用

面向儿童的图画小说通常以英雄为主角，这些主角最初面临某种障碍或危机，但能够通过坚持不懈的努力克服这些障碍或危机。这些故事体现了坚持不懈的力量，也能让人看到英雄不断进步，为最初看似势不可当或难以解决的问题找到新的可能性或解决方案。

年幼的读者会对主角面临的危机和相关的感受产生共鸣。由于对这些感受的探索是间接的，孩子会感到更安全，不那么暴露，也没有评判。孩子能从名字或体验中理解这些情绪，从而促进情感素养的发展。当孩子继续阅读时，故事会有意识和无意识地影响他们（这是治疗真正发生作用的地方），他们会找到新的且持久的应对方式、处理问题的方式和存在的方式。

通常情况下，孩子会意识到他们以前的应对策略（把事情闷在心里、对他人表现出攻击性、放弃或不关心，甚至屈服于和接受虐待行为）不再奏效，他们会鼓励自己采用更健康的应对策略。通过这种方式，图画小说在治疗性故事的框架下，改变了孩子对自己及其处境的看法。孩子的认识和理解能力不断提高，最终会采用这些策略，并将其作为应对生活挑战的终身技能。

与儿童一起进行文学反思练习

儿童在对图画小说进行文学反思练习时，可能需要提示和讨论。请使用本章末尾的练习和提示进行指导。

我打算对里奥采用双管齐下的办法。我计划从一本书开始，让他慢慢地开始阅读，这本书可以解决他在学校里感到的一些羞耻感,并帮助他重新获得阅读的信心。我们打算从雷克·莱尔顿(Rick Riordan)的《波西·杰克逊与神火之盗》(*Percy Jackson and the Olympian*)系列的图画小说开始。书中的主人公波西·杰克逊一直觉得自己与其他朋友有些不同,而这是因为他是凡人母亲和希腊海神波塞冬的儿子。我希望波西被排斥的经历能促使里奥讨论自己的孤立感,尤其是当波西意识到这种与众不同恰恰是他的超能力。

图画帮助里奥更快地将单词和句子联系起来,并为他提供了视觉空间,让他在不放慢节奏的情况下掌握故事内容。我们一起阅读这本书,每当他需要帮助时,我都会在一旁提供支持。我提了一些引导性的问题,让里奥关注自己的情绪。我们不仅希望他能拥有情绪词汇来讨论他正在阅读的书,还能用它们来加工读到的内容。故事确实是儿童的第一语言。他们通常很难直接谈论自己的感受和经历,因为他们往往不具备所需的词汇量和语言能力。故事提供了一个途径,因为故事中使用的图像、隐喻和人物可以成为他们向我们传达感受和情感的重要工具。

"你对波西有什么感觉?"我问里奥。

"我为他感到难过。如果他真的存在,他很容易成为我的朋友,"里奥生动地说,"我理解他的感受。我也有同感。"

"你什么时候会感到难过,里奥?"我轻轻问他,想保持这个节奏。

"有时候,我在别人面前读起书来很吃力。"里奥说,他低着头，没有跟我对视。

"没关系。你可以感到难过，也可以慢慢读书，"我安慰他，"我们都在以不同的速度成长和发展。"

里奥点了点头，但没有再说什么。悲伤会让孩子感到强烈的痛苦，他们通常会选择忽视它。我看得出里奥就是这样做的。他开始翻阅《波西·杰克逊与神火之盗》，有点儿坐立不安。然后，他从口袋里掏出一个小魔方。

我想让他集中注意力，用图像和表达性的语言让他回到自己的感受中。

"我能理解这种感觉有多困难、不公平和具有挑战性，"我说，"在那些时候，我们常常会感到孤独，有点儿不确定如何处理当时的情况。当人们的行为伤害到我们时，就好像从来没有人告诉过你该怎么做。"

有些事情引起了里奥的注意，他现在听得更认真了。我把他拉回故事中，因为我不想错过这个时刻。当我们和孩子进行临床讨论时，他们往往会失去兴趣。相反，我想利用《波西·杰克逊与神火之盗》中波西的故事来引发有益的、治疗性的对话。人的大脑有一种神奇的能力，可以通过讲故事来处理情感问题。利用想象力和无意识思维，我们可以将图像和感受结合起来，表达我们正在经历的事情，而不是简单地进行双向对话，因为双向对话在处理情绪方面可能不那么有力；通过这种方式，我们可以将过去和现在的所有感受结合起来，进行调节和修复。

我说："跟我讲一个故事中让你记忆犹新的事情。"

"当安娜贝丝告诉波西他在逃避时,我意识到也许我是在逃避问题,逃避那些让我心烦的孩子。"

"这是很自然的反应,"我安慰他,"当时的情况可能让你感到害怕或有点儿被威胁,为了保护自己,你觉得你必须在他们面前停止阅读,也许会躲进自己的壳里。"

"是的,这正是我的感受,"他热情地回答,好像有人读懂了他的心思,"害怕、悲伤,还有……"

"可能还感到羞耻?"我问道。

"是的,我感到很尴尬和失望。"他看着自己的鞋子,再次感觉像做错了什么。

"羞耻是一种非常难受的感觉。但还是有办法解决的,"我带着饱含希望的笑容,"羞耻就像一朵美丽的野花,不敢在花园里绽放,生怕自己不受欢迎,会被当成杂草。但你无法控制野花生长的地方,就像你无法控制自己的成长和发展一样。尽管野花的绽放出乎意料,但这并不意味着野花的美丽逊色。我们都是独一无二的。你认为波西会感到羞耻吗?"

"我想是的,"里奥点点头,"他给了我启发,因为他和我一样患有阅读障碍。他意识到自己应该读古希腊文,而阅读障碍让单词看起来混在一起。也许这就是发生在我身上的事情。"

里奥在书中找到了新的视角和希望。并非一切都那么悲观。他愿意以新的眼光看待自己的阅读障碍。他能够自我安慰,拒绝让这个问题削弱他的自尊心和自我。他能够将自己与羞耻感区分开来,不让羞耻感定义自己。这是克服和处理羞耻感的第一步。

用野花的比喻来解释羞耻,对里奥很有帮助。它真的激发了他的想象力,给了他意象和象征性语言以触达内心的感受。他被提醒,就像那朵野花一样,他不会因为与众不同而失去人格——当然也不会成为一个"坏"人。隐喻和故事一样,可以终止评判,因为它们激发想象力并触及我们的情感,让我们从新的角度体验某种情况,同时仍然包含与我们在深层情感层面产生共鸣的普遍主题和信息。

两者都是极其有效的治疗工具,如果使用得当,它们能以一种深刻而有意义的方式让我们触及情感的症结。孩子往往拥有英国心理分析家兼作家克里斯托弗·博拉斯(Christopher Bollas)所说的"未经思考的已知"。它是这样一种体验:我们还没有为其赋予意义或标签,却凭直觉知道它是什么。当我们听到一首触动我们的音乐或观看一部感人至深的电影时,我们就会感受到这种体验。故事也能为孩子创造这类同样深刻的体验。当我们开始用语言和文字描述这种体验时,我们开始感到被理解,并能意识到为什么这个故事会引起我们的共鸣。

叙事疗法

"如果你能像波西一样成为自己故事中的英雄,你会写什么故事?"我问里奥。

"我和所有的朋友都会去一个炎热的国家度假,也许是西班牙,我们会在游泳池里游泳。然后拉菲(拉菲是学校里对里奥的阅读发表无益评论的男孩之一)掉进了游泳池,他不会游泳。除了我,没有人注意到,因为我总是能发现一些东西!妈妈告诉我,我很擅长发现除了我之外其他人看不到的东西。我设法跳进水里救了拉菲。从那以后,拉菲非常感激我,他变得更善良了。而我成了那个能发现别人看不到的东西的人。这是我的超能力。

"作为回报,其他孩子会帮助我阅读,而我会帮他们找到丢失的东西,或以其他方式帮助他们。我的手也很灵巧,还能修理东西。我喜欢帮我的朋友修理他们坏了的玩具。

"我的朗读也会很棒!当我读书时,每个人都会认真听我朗读。我会成为超级明星!"

在这里,里奥创造了自己的故事来解决他面临的问题,并获得了圆满的结局,他对自己充满信心。他是一个"超级明星"。他对生活感到更乐观且充满希望。

这就是叙事疗法的一个例子:我们写一个关于自己的故事以获得解脱,将发生在我们身上的事情编写进去,对它们进行加工,接纳它们,并接受故事的结果。里奥的故事在结尾处充满了希望。在整个叙述过程中,他似乎都体现出勇气和乐观。积极的结局彰显了他的自信和韧性。这就是叙事疗法的好处,也是叙事疗法非常适合儿童使用的原因，因为儿童更容易接受乐观的结局。我们可以教给他们的最好的东西是，如何在无法轻易解脱的时候找到解脱的方法，以及如何以乐观的态度生活，同时仍然承认并认可我们可能曾经感受到的负面情绪。

通过探索图画小说所引发的具有开放性和指导性的问题，我们进行了一次有意义的对话，这让里奥发现了一系列关于自己的见解，帮助他意识到无论当时情况看起来有多困难，他都可以渡过难关。就像波西一样，里奥觉得自己可以大胆、勇敢，成为自己故事中的英雄。

巧合的是，雷克·莱尔顿自己的儿子也患有阅读障碍和注意缺陷多动障碍，因此他决定将儿子变成自己故事中的英雄。雷克·莱尔顿的理解力和细腻度，让这一系列作品在众多神经多样性读者和神经典型性读者中产生了共鸣。

在我们的合作结束时，里奥的母亲说，里奥看起来更加平静、更有韧性，且更能应对学校里的同侪压力。他看起来很自信，并有动力重新阅读和写作。图画小说成了他的一种应对策略。他甚至创造了自己的角色，目标是写一本自己的图画小说，讲述一个用阅读来克服恐惧的小男孩的故事。里奥的阅读能力不断提高，他的母亲继续使用与图画小说相关的引导性问题和叙事疗法作为支持里奥心理健康的工具。

> **阅读治疗工具箱**
>
> **本章提及的阅读治疗技术：**使用图画叙事的文学反思练习、叙事疗法
>
> **推荐用于：**理解焦虑、抑郁和神经多样性
>
> **书籍处方：**
>
> 《波西·杰克逊与神火之盗》图画小说系列

阅读治疗技术应用：要点和练习

使用图画叙事的文学反思练习：要点

- ♥ 图画叙事包括图画小说和图画回忆录。作为图画故事的一个分支，图画病历（以图画形式呈现的身体或心理健康叙事）让读者深入了解自己的身体疾病或心理健康状况。
- ♥ 它们促进心理健康素养，并为读者提供更多了解自己的心理健康疾病或问题的机会。
- ♥ 图画叙事能够吸引"不情愿的读者"和读写能力较低的读者。
- ♥ 它们能很好地捕捉叙述者或艺术家的真实社会经验，使其比传统小说更具吸引力和沉浸感。
- ♥ 图像和文字的使用让读者更容易触及自己的情感。

- ♥ 它们让读者更容易讨论困难或痛苦的话题。
- ♥ 参见第 71~72 页"文学反思练习框架"。如果与儿童一起工作,可尝试使用引导性问题和提示来帮助他们进行文学反思练习——请参阅下面的练习。

练 习

让你的孩子选择一本自己觉得有共鸣的图画小说。使用以下问题来开始关于感受和想法的讨论:

- ♥ 是什么让你选择了这本书?
- ♥ 你想见故事中的某个角色吗?为什么?
- ♥ 故事中的人物是否让你想起你认识的人?
- ♥ 如果你可以成为故事中的某个角色,你会选择谁?
- ♥ 你想和哪个角色交朋友?为什么?
- ♥ 你会如何帮助故事中的角色?
- ♥ 故事中什么让你感到开心?
- ♥ 故事中什么让你感到难过?
- ♥ 在故事结尾,主角可能会发生什么?
- ♥ 你有什么问题想问这些角色吗?
- ♥ 你认为随着故事的发展,主角有什么样的感受?
- ♥ 是什么让角色开心?是什么让他们难过或害怕?
- ♥ 随着故事的发展,角色是如何变化的?
- ♥ 故事中有英雄或反派吗?他们身上有你喜欢的特征吗?

- 你最喜欢故事的哪个部分？为什么？
- 故事中是否有让你感到不舒服、担心、害怕或愤怒的部分？
- 故事是否以某种方式让你想起自己的故事或处境？如果有，是怎样的？
- 你希望故事如何结束？
- 如果可以的话，你会如何改变这个故事？
- 读完故事后，你学到了什么新的或不同的东西吗？
- 故事有没有让你感到惊讶的地方？
- 你认为故事的寓意是什么？或者作者希望你从故事中吸取的教训是什么？
- 你喜欢这个故事吗？你会把它推荐给你的朋友吗？
- 有没有你想成为主人公的故事？如果有，是什么？

如果有帮助，可以让孩子画出自己的感受。如果与幼童一起工作，可以拿出他们的玩具，为他们指定角色。通过故事、绘画或戏剧来重现情绪体验，孩子可以在安全的距离内表达他们的真实想法，而且比通过他们有限的日常情绪词汇来表达要容易得多，因为在这个阶段，他们的情绪词汇可能还很原始。

关注孩子的感受；不要劝说他们改变感受或否认他们的感受。无论多么痛苦，陪在孩子身边真的很重要，因为这是他们学会调节情绪的唯一途径。

最后，通过反思他们的感受来总结他们的启发。

记住要问他们学到了什么,以及他们是否可以在此基础上实施行动计划(包括新的行为和应对策略)。例如,教导孩子:

- ♥ 如何敞开心扉去爱,同时学习如何设定具有保护作用的界限。
- ♥ 如何拥抱变化,以及对不同行事方式保持开放的态度。
- ♥ 何时选择战斗。有时,放手并接受现状是最好的,但在另一些情况下,需要我们敢于挑战和对抗现状。
- ♥ 你有权利说"不",可以做你自己和与众不同。
- ♥ 你有能力改变自己的感受。
- ♥ 你有权利不恐惧和担忧。

叙事疗法:要点

请参阅第 165~166 页的"叙事疗法:要点"。

练 习

与孩子一起创作一个故事,让他们做故事的主人公。给他们以下提示:

- ♥ 问题是什么?

- ♥ 他们感觉如何？
- ♥ 故事中还有其他人吗？发生了什么？
- ♥ 他们如何解决问题？
- ♥ 他们希望故事如何结束？故事结束时他们会有什么感受？

在故事结束时讨论这个故事，让孩子尽情发挥创造力，哪怕故事不合情理。在讨论故事中的某个事件时，紧扣故事情节，并提及故事中的人物。例如："小男孩不得不独自面对这一切，他是多么孤独啊。"

儿童情绪词汇

除了愤怒、悲伤、快乐、害怕等基本情绪之外，以下表达方式在与幼童交谈或提及故事中人物的感受时也很有用：

- ♥ 感到孤独／孤单
- ♥ 感到恼火
- ♥ 感觉不被需要
- ♥ 感觉被冷落／不被接纳
- ♥ 想念某人
- ♥ 感到生气
- ♥ 讨厌某人或某事

- ♥ 觉得事情不公平
- ♥ 觉得某事太伤人
- ♥ 感到困惑
- ♥ 感到失望
- ♥ 感觉要被压垮了
- ♥ 感觉"我不想待在这里"
- ♥ 感觉好像没人关心我
- ♥ 感觉"我似乎什么都做不好"

讲故事让孩子跨过想象的门槛,在那里他们可以自由地探索自己的感受。单纯的读或听文字可能无法以同样的方式传达他们的情感。运用想象力也能让我们进入潜意识,在那里我们可以自由地存在、探索、创造性和直觉性地思考,以及更容易表达自己。讲故事是一种完美的媒介,孩子可以通过它开始探索和构建个人叙事:这种叙事可以让他们感到有力量、乐观,并摆脱以前可能阻碍他们的情绪。

第三部分

文学疗愈的艺术

第11章

选择一本书

读者至上

马克·福赛思(Mark Forsyth)在他的书《未知的未知:书店与未得所愿的乐趣》(*The Unknown Unknown: Bookshops and the Delight of Not Getting What You Wanted*)中提出:"最好的东西是那些在得到前,你未曾意识到自己想要的东西。"[48]我希望为我的来访者和读者创造出这种满足和喜悦的感觉。

不知道自己会得到什么会带来一种期待感,这让读者感到兴奋。在线算法无法模仿阅读治疗过程中的这种不可预测性,因为推荐总是基于你的阅读偏好和过去喜欢的书籍;简而言之,推荐算法不会跳出框架思考。这也是阅读治疗师工作的职责所在:精心策划是我们工作的核心。我不仅在网络、书店和图书馆中工作,我还会与人交谈和沟通,比如其他心理健康专业人士、教师、社工以及各地的读者们。最重要的是,我需要对眼前的读者有深刻的理解和同理心。

选择文学作品是一门艺术，一种需要判断力、适应性和对读者需求的包容度的精细技艺。对于一些读者来说，正是将疗愈技巧融入阅读的过程带来了缓解和心理治愈的作用；而对于另一些人来说，阅读带来的则是愉悦、逃避现实的体验、创意的激发，以及空间、时间与距离感。

通过温和地提问和引导，阅读治疗师可以了解读者的动机，并开始更深入地了解他们。这使得阅读治疗师能够推荐符合读者需求、喜好和目标的文学作品。尽管阅读治疗师通常尽量避免推荐读者可能已经读过的书籍，但在某些情况下，让读者重新阅读某些作品中的关键段落或他们在当前情境中可能会受益的信息也是有帮助的。

文学策划技术

你在寻找什么类型的内容

"curator"（策展人）一词源于拉丁词"curare"，意为"照顾"，最初用来描述照看古罗马浴场的人。如今，这个词常用于指画廊和博物馆中艺术品和物品的策展人。就像艺术或博物馆策展人精心挑选有意义的物品用于展览一样，我也以极尽我所能的用心和关怀对待每一个书单或读书建议，希望能够因此为读者创造独特且有价值的内容。

有哪些主题会对我的读者有帮助？哪些书适合搭配起来阅读？读者会喜欢哪些作家和写作风格？根据他们当前的情况，他们是否有足够的时间去阅读？是长篇小说、短篇小说集，还是短篇故事集更合适？推荐哪种书的形式更能实现目的（如平装本、精装本、电子书、有声书）？书单是否多样化，是否具有足够的代表性？书单是否平衡，还是说读者更喜欢只读某一题材的作品？

这关乎真正设身处地地为读者着想，走进他们的世界，尽可能多地去了解他们的背景。他们面临什么问题，感受如何？他们希望我关注哪些方面？他们在寻求疗愈或想要得到治愈吗？他们希望通过文学获得转变，还是渴望逃避现实，渴望一个文学的避难所？

我始终将读者与文本、作者及写作风格的联结放在首位。读者会和作者的文字产生真正的共鸣吗？这些文字能吸引他们吗？读者会觉得在作者身上找到了一种熟悉的朋友的感觉吗？这些通常可以通过来访者之前喜爱的作者、题材和书籍来判断——通过他们的阅读历史，我可以强烈地感知到他们可能会喜欢什么样的内容。

作家兼文学评论家马克·麦古尔（Mark McGurl）在其著作《万物皆虚：亚马逊时代的小说》（*Everything and Less: The Novel in the Age of Amazon*）的引言中指出，按题材阅读就是重复阅读——这是我们从小就养成的习惯，并一直延续到成年。[49] 起初，这是一种反复阅读我们喜欢的故事的渴望；后来，它就变成了阅读相似故事的渴望。

这其中隐藏着我们为何会强迫性地寻求某些东西的重要线索。毕竟，正如麦古尔敏锐观察到的那样，每一次阅读行为都是原始的，它让我们回到了儿时与照料者一起沉浸其中的睡前故事中。我们或许渴望被爱（如浪漫小说），渴望被看见（如回忆录），或是渴望逃到比我们自己的生活更激动人心的现实中（如奇幻小说）。

这些是否应该成为他们未来选择读物时的参考呢？对于那些在经历痛苦的离婚后想读回忆录的人来说，选择格伦农·多伊尔（Glennon Doyle）的《不羁》（Untamed），还是弗洛伦斯·威廉姆斯的《心碎：透过科学走过人生低谷》，这些问题可能会产生微妙的影响。这两本书都极其真实地反映了离婚的经历，但处理方式却大相径庭。读者会更倾向于哪种写作风格呢？威廉姆斯的写作风格振奋人心、充满希望且令人上瘾，其中穿插着故事、研究和趣闻。而多伊尔则见解深刻，对离婚的经历描写得极为准确。她审视着我们不敢提出的问题，真正同情我们的内心需求、恐惧和愿望。所有这些因素都会影响选书的过程。

你有多少时间可以用来阅读

时间是对阅读最大的限制之一。如果你在读一本书，那就意味着你对另一本书说了"不"，因为我们的时间是有限的。如果我们足够幸运，一生中可能平均能读4880

本书，⊖但在这个拥有超过一亿本书的世界里，我们很容易因为阅读时间的匮乏而感到焦虑。生命真的太短暂了，以至于我们无法读完所有想读的书，于是我们的待读书单越积越长，成了那些我们永远不会去读的所有书的一个有形提醒。然而，当我们走进书店时，还是会发现另一本书在向我们呼唤："先读我吧！你会更喜欢我的！"于是，这个循环还在继续。那么，我们该如何打破这种模式，确保所选的书在值得我们花费时间，能够丰富我们的生活，带给我们惊奇感的同时，还能确保我们会真正去读呢？这是最重要的。

策划一个阅读清单

基于我作为阅读治疗师的经验，我曾帮助过拥有不同阅读品位的各类读者，我设计了一系列问题来帮助你开始

⊖ 这段内容基于 Lithub 的主编埃米莉·坦普尔（Emily Temple）的一项调查，她利用美国社会保障局预期寿命计算器和皮尤研究中心的数据，计算了男性和女性在一生中（假设男性平均寿命为 82 岁，女性为 86 岁）平均的阅读量，以及他们分别属于哪种读者"分类"，比如"普通读者""书虫读者"和"超级读者"。4880 本书指的是活到 86 岁的女性"超级读者"一生中平均读书的最大数量。对于男性"超级读者"，一生中平均读书的最大数量是 4560 本。对于"书虫读者"，这两个数字分别是 3050 本和 2850 本；而对于"普通读者"，则分别是 732 本和 684 本。

构建一个真正会被阅读的待读书单。你也可以用这些问题来为朋友或家人策划一个阅读清单。

- ♥ 你目前面临什么问题？你现在的处境如何？有没有你特别想关注的某个问题？
- ♥ 你现在感受如何？
- ♥ 你希望通过个性化的书籍处方/阅读治疗获得什么？
- ♥ 你的阅读偏好是什么（例如，小说、非虚构、诗歌、哲学等）？
- ♥ 你能花多少时间在阅读上？
- ♥ 你最喜欢的书/作者是哪些？
- ♥ 你更喜欢哪种阅读媒介？你是更喜欢用电子阅读器阅读，还是喜欢听有声书？你更喜欢精装书还是平装书？
- ♥ 还有其他我们需要了解的事情吗？

选书的过程

为了确定读者会与哪些书建立联系，我会参考另外几个关键点。我会考虑所选文本是否反映了读者的情感、兴趣和目标，以及这些文学作品是否符合读者的偏好。

- ♥ 书中的故事是否能在情感层面与读者产生共鸣，帮助他们与内容建立联系，并探索自己的情感、需求、兴趣和目标？

- ♥ 书中的角色是否展现了应对技能和问题的解决过程?
- ♥ 除了阅读内容本身之外,是否有其他额外的行动或练习需要读者完成?例如,文学日记、写信或诗歌,或记录阅读过程中自己的感受的语音日记?
- ♥ 这本书在大众中有怎样的评价(基于专业人士和大众的评论、评分、观点、文章以及读者反馈)?

很多时候,我会遇到一些书,我知道自己不会与之产生共鸣,所以我学会了筛掉这些"误导性选择",并对那些我不会享受的书果断说"不"。我们的时间已经被各种需求占据,比如工作、家庭责任、朋友关系等,因此,我们只应该允许那些能够丰富人生的书进入我们的生活。我把这个过程称为我的"阅读直觉"——一种发自内心的感觉,让我本能地知道某些书并不适合我。

如何发展你的阅读直觉

- ♥ 只是增加阅读体验,就可以帮助你培养对自己偏爱的风格、写作方式、体裁和阅读媒介的感知能力。一项 2010 年的研究发现,在某一特定领域的经验可以帮助个体在该领域发展出更准确且更可靠的直觉。[50] 该研究考察了消防员的直觉决策能力,发现经验更丰富的消防员在压力下能够做出更准确、更高效的决策。

> ♥ 根据一项研究，正念冥想可以增强决策能力。研究追踪了练习正念冥想八周的个体，结果发现，与对照组相比，冥想者的直觉能力得到了提升，决策能力也有所改善。[51]
> ♥ 广泛阅读多种类型的文学作品，可以帮助读者培养对自己喜爱的文学更准确且更可靠的直觉。

有时候，当我们反思时会发现，我们就是无法对有些书产生共鸣，这也是正常的；有时书中的主题可能会引发读者的应激反应；还有时候我们就是可能没有足够的时间去阅读。在这些情况下，我会提供替代性建议。例如，如果读者时间紧张，我会推荐那种一次性可以读完的内容，像是一篇短篇小说或一则随笔，这可能是最有价值或最有意义的选择。当然，偶尔我也会鼓励来访者尝试那些他们平时可能不会读的书，不按常理出牌可以为读者带来新的视角，从而促进更深入的自我反思。

我经常收集读者和来访者对书的评价和反馈，无论是他们热爱的书，还是那些他们连第 1 章都没能读下去的书。随着时间的推移，这些数据帮助我培养了自己的直觉，让我可以更好地理解哪些书可能适合某个读者，而哪些则可能完全不适合。

> **发现书的机缘巧合**
>
> 有时候,来访者会带着一本书进入咨询。这可能是一本在他们的朋友推荐后,突然随处可见的书,或者是一本他们在火车上看到别人正在阅读的书,忽然吸引了他们。不管是什么原因,他们都觉得这本书在当时对他们非常重要。这就是发现书的机缘巧合。这些书在阅读治疗过程中有绝对独特的地位,并且会被全心全意地接纳。

当然,就算我们制订了书单,工作并没有结束;事实上,这只是刚刚开始。

如何养成阅读习惯

一旦你确定了自己喜欢的书,利用我的提示,你就可以承诺自己腾出时间来进行阅读了。请把这个过程看作一种重要的自我关怀。

我经常被问到的一个问题是:"我该如何在忙碌的生活中加入阅读?"

我的回答总是:"你是如何把运动融入生活的?或者把任何对你重要的日常习惯融入其中的?"

关键在于每天做出这个规律的承诺，它必须是每天进行的，就像刷牙一样。如果你每天阅读，你更可能一辈子保持这个习惯；否则，你只能成为一个假期阅读者。这里面没有中间地带。

以下是一些帮助你养成阅读习惯的建议。

- ♥ **每天阅读 15 分钟**：无论是在通勤途中还是在睡前，短时间的阅读都能帮助你逐渐养成阅读习惯。研究表明，一个习惯的养成需要 18～284 天不等的时间。[52]
- ♥ **有意识地投入**：关闭社交媒体、电子游戏等干扰源，将注意力集中在阅读上。
- ♥ **尝试有声书**：在你出行时，有声书是一个很好的选择。
- ♥ **寻找阅读伙伴**：与人结伴阅读，彼此督促。
- ♥ **设定阅读挑战**：为自己设定目标，激励持续阅读。
- ♥ **关注阅读的即时益处**：阅读可以为心理健康和压力水平带来显著的改善，详见下文。

阅读对减轻压力的影响

2009 年，萨塞克斯大学的神经心理学家大卫·刘易斯（David Lewis）博士进行了一项研究，发现每天阅读 6 分钟可以将压力水平降低 68%。相比之下，听音乐可将压力降低 61%，喝一杯茶可降低 54%，散步可降低

> 42%,而电子游戏仅可降低 21%。因此,与其他休闲活动相比,阅读似乎是减轻压力的最佳方式。[53]

我相信阅读是一种自我认知、理解人性以及感知广阔世界的过程。阅读既能治愈人心,也能带来愉悦。它让我们扎根于现实,同时沉浸于幻想;既能带我们探索想象的高峰,也能引领我们直面悲伤与不幸的深渊。阅读充当了一面镜子,映照出我们自身以及我们的盲点;而在我们需要的时候,它又能引导我们踏入未知的洞穴,让这些洞穴成为我们在生活挑战过重时的避风港。阅读通过丰富多样的人物形象为我们提供社会联结,尤其是在我们最需要的时候;同时,它也为我们提供了一方宁静的天地,当我们渴望孤独时可以得以安歇。

鉴于文学和阅读为我们带来的种种益处,我想问你,亲爱的读者:

> 在你的一生中,你将如何利用阅读的力量?你是否准备好迎接阅读所能带来的种种可能,从自我发现到个人蜕变,再到身心健康?你是否愿意优先选择那些能够赋予你价值、快乐与意义的书,全然拥抱阅读的魅力?

> 阅读是在他人的引导下进行的梦境的探索。
>
> 费尔南多·佩索阿（Fernando Pessoa）
> 《不安之书》（*The Book of Disquiet*）

第12章

书籍处方大全

阅读清单很有吸引力。我不知道这是不是因为，在这个充满文学作品的世界里，在我们时间紧迫的情况下，阅读清单为我们提供了阅读特定主题的清晰路线图，让我们知道哪些书最与该主题相关、最有价值或最有趣。还是因为我们对某个特定主题的阅读内容有预期？书名、封面和简介勾起了我们的想象，让我们在开始阅读之前就能享受书中的奇幻。然后是一本书的承诺以及它可能为我们带来的东西，无论是满足治疗需要还是满足个人兴趣。

这就是阅读清单的力量。然而，我们也知道，阅读清单永远是不完整的，总是还有其他可以补充、建议或推荐的书。作为一名阅读治疗师，我必须接受这种不足，我希望能为我的读者优先选择最相关和最有益的文本。

考虑到这一点，我想分享我自己推荐的阅读清单，这些清单以 A～Z 顺序排列，按关于心理健康和幸福的主题分类。我亲切地称其为"书籍处方"。我的清单部分受到阅读治疗师埃拉·伯绍德（Ella Berthoud）和苏珊·埃尔德金（Susan Elderkin）的精彩作品的启发，她们是人生学校（The School of Life）的阅读治疗服务的创始人，也是《小说药方：人生疑难杂症文学指南》（*The Novel Cure: An A to Z of Literary Remedies*）[54]的作者，她们在帮助普及阅读疗法方面发挥了重要作用。我希望我的建议对你有帮助、有价值，并能振奋、鼓舞人心。

A 抛弃（Abandonment）

我们所有人都有可能在人生的某个时刻体验到被抛弃的感觉——也许是分手、失去值得信赖的朋友，或者缺乏父母的支持——这会极大地影响我们的心理健康，让我们感到孤独和痛苦。如果我们不表达自己的情绪，这些情绪可能会逐渐恶化，影响我们的自尊和我们对未来关系的信任能力。下面这些书可能有助于你探索自己的被抛弃感。

虚构类

《大卫·科波菲尔》（*David Copperfield*），作者：查尔斯·狄更斯（Charles Dickens）（长篇小说）

《被遗弃的日子》（*The Days of Abandonment*），作者：埃莱娜·费兰特（长篇小说）

非虚构类

《我的骨头没有忘记》（*What My Bones Know*），作者：斯蒂芬妮·胡（Stephanie Foo）（回忆录）

《家是我们开始的地方》（*Home is Where We Start From*），作者：D.W. 温尼科特（D.W. Winnicott）（心理学、随笔）

虐待关系（Abusive Relationship）

在生活中，我们有时会发现自己或所爱之人处于一种虐待关系中。在这种关系中,一方利用各种形式的权力和控制来保持对另一方的支配地位,可能是身体虐待、情感虐待、语言虐待、经济虐待或性虐待。下面这些书可以帮助我们识别和理解虐待的动力、制订应对策略、并建立健康的界限。它们还可以帮助我们认识到自己的优势,建立复原能力,并以积极和充满力量的方式前进。

虚构类

《纸蝴蝶》(*Paper Butterflies*),作者:莉萨·希思菲尔德(Lisa Heathfield)(长篇小说)

《渺小一生》,作者:柳原汉雅(长篇小说)

《女人不是男人》(*A Woman Is No Man*),作者:埃塔夫·鲁姆(Etaf Rum)(长篇小说)

非虚构类

《同意》(*Le Consentment*),作者:瓦内莎·斯普林格拉(Vanessa Springora)(回忆录)

《心脏浆果》(*Heart Berries*),作者:特蕾泽·玛丽·梅尔霍特(Terese Marie Mailhot)(回忆录)

《他承诺将会停止》(*He Promised He'd Stop*),作者:迈克尔·格罗茨(Michael Groetsch)(自助)

《更好的界限：珍视与掌控你的生活》(*Better Boundaries: Owning and Treasuring Your Life*)，作者：贾恩·布莱克（Jan Black）（自助）

《界限的划定》，作者：安妮·凯瑟琳（自助）

《勇气重生：帮助童年曾受性虐待的女性疗愈创伤》(*The Courage to Heal: A Guide for Women Survivors of Child Sexual Abuse*)，作者：埃伦·巴斯（Ellen Bass）和劳拉·戴维斯（Laura Davis）（自助）

成瘾（Addiction）

当有人不顾不良后果，强迫性地重复使用药物或采取某种行为时，就出现了成瘾。虽然成瘾可能涉及药物或酒精等物质，或赌博、性生活、上网等特定行为，但它也可能以许多不太常见的形式出现。我的许多来访者都发现下面这些书对探索成瘾很有帮助，但如果你认为自己可能有成瘾行为，请务必咨询医疗专业人士。

虚构类

《来自边缘的明信片》(*Postcards from the Edge*)，作者：卡丽·费希尔（Carrie Fisher）（长篇小说）

《西北》(*N.W.*)，作者：扎迪·史密斯（Zadie Smith）（长篇小说）

非虚构类

《特里:我女儿与酒精的生死斗争》(*Terry: My Daughter's Life-And-Death Struggle with Alcoholism*),作者:乔治·S. 麦戈文(George S. McGovern)(传记)

《我们都跌倒了:与成瘾共存》(*We All Fall Down: Living with Addiction*),作者:尼克·薛夫(Nic Sheff)(回忆录)

《欲望生物学》(*The Biology of Desire*),作者:马克·刘易斯(Marc Lewis)(心理学,神经科学)

《面对羞耻:康复中的家庭》(*Facing Shame: Families in Recovery*),作者:梅尔·福萨姆(Merle A. Fossum)和玛丽莲·梅森(Marilyn J. Mason)(心理学)

《超越成瘾:科学与善意如何助力人们实现改变》(*Beyond Addiction: How Science and Kindness Help People Change*),作者:杰弗里·富特(Jeffrey Foote)(心理学)

《我们为什么上瘾》(*Unbroken Brain: A Revolutionary New Way of Understanding Addiction*),作者:迈雅·萨拉维茨(Maia Szalavitz)(心理学)

《成瘾的深渊:大脑暗藏的致命诱惑》(*Never Enough: The Neuroscience and Experience of Addiction*),作者:朱迪思·格里塞尔(Judith Grisel)(心理学)

《成瘾:在放纵中寻找平衡》(*Dopamine Nation: Finding Balance*

in the Age of Indulgence),作者:安娜·伦布克(Anna Lembke)(心理学)

衰老(Ageing)

步入老年会得到一些优待,但身体逐渐衰退也会让人感到沮丧、痛苦和孤独。不过,有了恰当的资源,我们就能以更强大的智慧和理解力来应对衰老的过程,提高应对变化的能力。这些关于衰老的书为我们的晚年生活带来了振奋人心的见解,告诉我们如何过上充满社会联结并保有最佳健康状态的生活,同时保持自我价值和尊严。

虚构类

《一个叫欧维的男人决定去死》(*A Man Called Ove*),作者:弗雷德里克·巴克曼(Fredrik Backman)(长篇小说)

《那些傻事》(*These Foolish Things*),作者:德博拉·莫加奇(Deborah Moggach)(长篇小说)

非虚构类

《没什么好怕的》(*Nothing to Be Frightened of*),作者:朱利安·巴恩斯(Julian Barnes)(回忆录)

《我们能谈点开心的事吗》(*Can't We Talk about Something More Pleasant?*),作者:罗兹·查斯特(Roz Chast)(回忆录)

《一个外科医师的抗老秘方》(*The Art of Aging: A Doctor's Prescription for Well-Being*),作者:许尔文·B.努兰(Sherwin B. Nuland)(健康)

《最好的告别:关于衰老与死亡,你必须知道的常识》(*Being Mortal: Medicine and What Matters in the End*),作者:阿图·葛文德(Atul Gawande)(健康)

《老年人的价值:老年人如何拯救世界》(*What Are Old People For?: How Elders Will Save the World*),作者:威廉·托马斯(William H. Thomas)(健康、社会学)

愤怒(Anger)

愤怒可以有效地表达敌意、挫败和恼怒的情绪,也可以促使我们更深入地了解为什么会有这种感觉,并找出愤怒的根源。以下由我精选的书可以让你在安全的环境中探索你的愤怒。

虚构类

《搏击俱乐部》(*Fight Club*),作者:恰克·帕拉尼克(Chuck Palahniuk)(长篇小说)

《愤怒的葡萄》(*The Grapes of Wrath*),作者:约翰·斯坦贝克(John Steinbeck)(长篇小说)

《路》(*The Road*),作者:科马克·麦卡锡(Cormac McCarthy)

（长篇小说）

《钟罩》(*The Bell Jar*)，作者：西尔维娅·普拉斯（Sylvia Plath）（长篇小说）

《紫颜色》(*The Color Purple*)，作者：艾丽斯·沃克（Alice Walker）（长篇小说）

非虚构类

《愤怒，爱的另一面》(*Anger: Handling a Powerful Emotion in a Healthy Way*)，作者：盖瑞·查普曼（自助）

《与自己和解：如何活得通透自如》(*Never Get Angry Again: The Foolproof Way to Stay Calm and in Control in Any Conversation or Situation*)，作者：大卫·J. 利伯曼（David J. Lieberman）（自助）

《愤怒之舞》(*The Dance of Anger*)，作者：哈丽特·勒纳（Harriet Lerner）（自助）

焦虑（Anxiety）

恐惧、担忧或不安都是对未来事件或不确定结果的自然反应。但当这些情绪过度且持续地存在，并干扰你的日常生活时，你就必须承认它们，并向专业人士咨询。焦虑的症状多种多样，其中包括坐立不安、易怒、难以集中注意力、肌肉紧张和睡眠障碍。我精选了一些对我的来访者最有效的书,包括虚构类、练习手册和实践指南,但也请务必与专业人士讨论你的焦虑症状。

虚构类

《龟背上的世界》(*Turtles All the Way Down*),作者:约翰·格林(长篇小说,青少年读物)

《我为此而生》(*I Was Born for This*),作者:艾丽斯·奥斯曼(长篇小说,青少年读物)

非虚构类

《勇敢:快速终结焦虑与恐慌发作的新方法》(*Dare: The New Way to End Anxiety and Stop Panic Attacks Fast*),作者:巴里·麦克多纳(Barry McDonagh)(自助)

《好的焦虑》(*My Age of Anxiety: Fear, Hope, Dread, and the Search for Peace of Mind*),作者:斯科特·施托塞尔(Scott Stossel)(自助)

《焦虑症与恐惧症手册》(*The Anxiety and Phobia Workbook*),作者:艾德蒙·伯恩(Edmund Bourne)(自助,练习手册)

《这样想不焦虑:普通人焦虑自助指南》(*The Anxiety and Worry Workbook: The Cognitive Behavioral Solution*),作者:

亚伦·T.贝克、大卫·A.克拉克（David A. Clark）（自助，练习手册）

《从恐慌到力量》（*From Panic to Power*），作者：露辛达·巴塞特（Lucinda Bassett）（自助）

《焦虑星球笔记》（*Notes on a Nervous Planet*），作者：马特·海格（Matt Haig）（治疗性非虚构读物）

《跳出猴子思维：如何打破内心焦虑、恐惧和担忧的无限循环》（*Don't Feed the Monkey Mind: How to Stop the Cycle of Anxiety, Fear, and Worry*），作者：珍妮弗·香农（Jennifer Shannon）（自助）

《远离焦虑》（*Don't Panic: Taking Control of Anxiety Attacks*），作者：R.李德·威尔逊（R.Reid Wilson）（自助）

《活成令人羡慕的样子》（*Wabi sabi: Japanese Wisdom for a Perfectly Imperfect Life*），作者：贝丝·坎普顿（Beth Kempton）（自助）

身体形象问题（Body Image Issues）

每天，我们都会在广告和社交媒体上看到数百张看似完美、经过修图处理的好身材照片，这会严重影响我们的自尊以及我们与自己身体的关系。如果你发现你对自己的身体一直有负面的自我评价，请考虑向专业人士咨询。我还发现，下面这些书是更好地了解身体形象以及我们与身体之间经常出现的矛盾的有用工具。

虚构类

《穆恩·富恩特斯如何爱上宇宙》（*How Moon Fuentez Fell in Love with the Universe*），作者：拉克尔·瓦斯克斯·吉利兰（Raquel Vasquez Gilliland）（长篇小说）

非虚构类

《不要为身体道歉：彻底自爱的力量》（*The Body Is Not an Apology: The Power of Radical Self-Love*），作者：索尼娅·蕾妮·泰勒（Sonya Renee Taylor）（心理学、社会学）

《怪美的身体》（*Body Talk: How to Embrace Your Body and Start Living Your Best Life*），作者：凯蒂·斯图里诺（Katie Sturino）（自助、练习手册）

设定界限（Boundary Setting）

设定界限通常具有挑战性，原因多种多样。如果我们过去有取悦他人或避免冲突的倾向，我们可能会担心设定界限会让他人不快，并导致某种形式的对抗。我们可能担心，坚持自己的底线这种行为会辜负周围人的期待，并为此感到内疚。然而，界限是自我关怀的重要组成部分，它实际上能让我们维持健康的人际关系。尽管设定界限可能让人望而生畏，但我们可以学习培养如何自信，并解决与设定界限有关的任何负面情绪。我发现下面这些非虚构类的书是关于设定界限的极好的指南。

非虚构类

《过犹不及：如何建立你的心理界限》（*Boundaries*），作者：亨利·克劳德（Henry Cloud）和约翰·汤森德（John Townsend）（心理学）

《界限的划定》，作者：安妮·凯瑟琳（心理学）

《无所畏惧：颠覆你内心的脆弱》（*Daring Greatly*），作者：布琳·布朗（自助）

《设定边界，寻得安宁：一份关于重塑自我的指南》（*Set Boundaries, Find Peace: A Guide to Reclaiming Yourself*），作者：尼德拉·格洛弗·塔瓦卜（Nedra Glover Tawwab）（自助）

霸凌（Bullying）

霸凌会对人的心理健康产生重大影响，并导致一系列情绪浮现，包括孤独、疏离、愤怒、羞耻和恐惧。它还会让人感到焦虑和沮丧，甚至认为自己一文不值，所以向自己信任的人倾诉很重要。不管当时的感受如何，每个人都应该得到善意和尊重。如果你正在康复的过程中，你可能会发现下面这些书能给你带来安慰。

虚构类

《奇迹男孩》（*Wonder*），作者：R.J. 帕拉西奥（R.J. Palacio）（长篇小说）

《十三个理由》（*Thirteen Reasons Why*），作者：杰·埃舍（Jay Asher）（长篇小说）

《鲸脂》（*Blubber*），作者：朱迪·布鲁姆（长篇小说）

非虚构类

《请不要嘲笑我：一个女人的励志故事》（*Please Stop Laughing at Me: One Woman's Inspirational Story*），作者：乔迪·布兰科（Jodee Blanco）（回忆录）

《一切都会好起来：出来，战胜霸凌，创造有价值的生活》（*It Gets Better: Coming Out, Overcoming Bullying, and Creating a Life Worth Living*），作者：丹·萨维奇（Dan Savage）和特里·米勒（Terry Miller）（随笔、励志书）

倦怠（Burnout）

倦怠是一种越来越常见的情况，尤其是对于那些在高压环境中工作的人，或从事需要长时间工作、高度集中注意力和情感高度投入的职业的人来说。缺乏支持、相互冲突的需求以及工作与生活的不平衡都可能导致职业倦怠。重要的是要认识到倦怠的迹象，并采取措施加以预防或解决倦怠问题，如休息、自我照顾、设定界限、寻求支持以及改变自己的工作习惯或生活方式。下面这些书提供了应对倦怠和重新设计生活方式的绝佳策略，以促进工作与生活达到更健康的平衡。

虚构类

《没有轻松的工作》(*There's No Such Thing as an Easy Job*)，作者：津村记久子（Kikuko Tsumura）（长篇小说）

非虚构类

《情感丰富的女性》(*Emotional Female*)，作者：加户由美子（Yumiko Kadota）（回忆录）

《倦怠：解开压力循环的秘密》(*Burnout: The Secret to Unlocking the Stress Cycle*)，作者：埃米莉·纳戈斯基（(Emily Nagoski）和阿梅莉亚·纳戈斯基（Amelia Nagoski）（自助）

《人生设计课》(*Designing Your Life: How to Build a Well-lived,*

Joyful Life），作者：比尔·博内特（Bill Burnett）和戴夫·伊万斯（Dave Evans）（自助）

《四千周》（*Four Thousand Weeks: Time Management for Mortals*），作者：奥利弗·伯克曼（Oliver Burkeman）（个人成长）

《掌控习惯：如何养成好习惯并戒除坏习惯》（*Atomic Habits: An Easy & Proven Way to Build Good Habits & Break Bad Ones*），作者：詹姆斯·克利尔（James Clear）（个人成长）

《深度工作：如何有效使用每一点脑力》（*Deep Work: Rules for Focused Success in a Distracted World*），作者：卡尔·纽波特（Cal Newport）（个人成长）

C 癌症关怀（Cancer Care）

癌症诊断可能会让人感觉难以置信，部分原因是我们仍然不知道大多数癌症的病因。治疗往往让人感觉像在反复试验，如果出现了焦虑、不确定、孤独、怨恨和沮丧的感觉，是很正常的。医疗团队会为你（或你的家人）提供建议和应对方法，帮助你应对这种复杂而困难的疾病，但你也可能发现其他人的故事（无论是虚构的还是真实的）也会给你带来安慰或是一种安心的感觉。

虚构类

《我们身体的奇妙地图》(*Maps of Our Spectacular Bodies*)，作者：马迪·莫蒂梅尔（Maddie Mortimer）（长篇小说）

《无比美妙的痛苦》，作者：约翰·格林（长篇小说）

《萨姆的八个愿望》(*Ways to Live Forever*)，作者：萨莉·尼科尔斯（Sally Nicholls）（长篇小说）

《姐姐的守护者》(*My Sister's Keeper*)，作者：朱迪·皮考特（Jodi Picoult）（长篇小说）

非虚构类

《当呼吸化为空气》，作者：保罗·卡拉尼什（回忆录）

《众病之王：癌症传》(*The Emperor of All Maladies: A Biography*

of Cancer），作者：悉达多·穆克吉（Siddhartha Mukherjee）（健康）

《永生的海拉：改变人类医学史的海拉细胞及其主人的生命故事》（*The Immortal Life of Henrietta Lacks*），作者：丽贝卡·思科鲁特（Rebecca Skloot）（传记）

职业顾虑（Career Concerns）

有时，我们可能会质疑自己所走的道路，自问：这真的是我想一辈子做的事情吗？我真正的目的是什么？这可能是我们在担心自己的技能缺口，也可能是我们选择的领域机会有限。我经常听到的来访者的另一个困扰是，在有毒的工作环境中生存是多么困难——尤其是当他们因得不到经理的支持而感到无力时。经济衰退或技术变革也会威胁到工作保障。下面这些书为我们提供了一个反思和探索职业目标的空间，包括发现我们的目标和我们可能认为有意义的工作类型。

虚构类

《黑人销售员》（*Black Buck*），作者：马特奥·阿斯卡里普尔（Mateo Askaripour）（长篇小说）

《为你高兴》（*Happy for You*），作者：克莱尔·斯坦福（Claire Stanford）（长篇小说）

《微型农奴》（*Microserfs*），作者：道格拉斯·库普兰（Douglas

Coupland)(长篇小说)

《天堂主题公园》(*Pastoralia*),作者:乔治·桑德斯(George Saunders)(长篇小说)

非虚构类

《心理障碍自疗:美国权威专家对人类心灵创伤的调查报告》(*I Could Do Anything if I Only Knew What It Was: How to Discover What You Really Want and How to Get It*),作者:巴巴拉·谢尔(Barbara Sher)和巴巴拉·史密斯(Barbara Smith)(自助)

《逆转:弱者如何找到优势,反败为胜?》(*David and Goliath: Underdogs, Misfits ,and the Art of Battling Giants*),作者:马尔科姆·格拉德威尔(Malcolm Gladwell)(心理学)

《驱动力》(*Drive: The Surprising Truth About What Motivates Us*),作者:丹尼尔·平克(Daniel Pink)(心理学)

《你的降落伞是什么颜色?:求职者和跳槽者的实用行动手册》(*What Color Is Your Parachute?: Your Guide to a Lifetime of Meaningful Work and Career Success*),作者:理查德·尼尔森·鲍利斯(Richard Nelson Bolles)(心理学、个人成长)

《别傻了,工作才不会爱上你》(*Work Won't Love You Back*),作者:萨拉·贾菲(Sarah Jaffe)(自助)

《迷失于工作：逃离资本主义》(*Lost in Work: Escaping Capitalism*)，作者：阿梅莉亚·霍根（Amelia Horgan）（哲学，社会学）

《如何找到满意的工作》(*How to Find Fulfilling Work*)，作者：罗曼·克兹纳里奇（Roman Krznaric）（自助）

《第二座山：为生命找到意义》(*The Second Mountain: The Quest for a Moral Life*)，作者：戴维·布鲁克斯（David Brooks）（哲学）

《如何改变世界：社会企业家与新思想的威力》(*How to Change the World: Social Entrepreneurs and the Power of New Ideas*)，作者：戴维·伯恩斯坦（David Bornstein）（社会变革，创业）

《神秘硅谷》(*Uncanny Valley*) 作者：安娜·维纳（Anna Wiener）（回忆录）

照顾（Caring）

照顾他人可以是一种有益而充实的经历，但同时也具有高挑战和高要求，需要时间、精力和耐心。照顾他人带来的常见情绪包括压抑、疲惫、沮丧、内疚和悲伤。平衡自身的需求和被照顾者的需求可能极具挑战性。重要的是要为自己留出时间，并寻求自己需要的支持，以防止倦怠。作为照顾者也会感到相当孤独；为了减轻这种孤独感，这里有一些虚构和非虚构类的书，其中所描写的照顾者们的故事和经历可能会与我们产生共鸣。

虚构类

《紫色美国》(*Purple America*),作者:里克·穆迪(Rick Moody)(长篇小说)

《艾琳》(*Eileen*),作者:奥特莎·莫什费格(Ottessa Moshfegh)(长篇小说)

《照顾者》(*The Caregiver*),作者:塞缪尔·帕克(Samuel Park)(长篇小说)

《新名字的故事》(*The Story of a New Name*),作者:埃莱娜·费兰特(长篇小说)

非虚构类

《创造欢乐时刻:阿尔茨海默病之旅》(*Creating Moments of Joy: Along the Alzheimer's Journey*),作者:乔琳·布雷基(Jolene Brackey)(健康,心理学)

《他们也是你的父母!:兄弟姐妹如何在父母的衰老过程中和谐相处,避免反目成仇》(*They're Your Parents, Too!: How Siblings Can Survive Their Parents' Aging Without Driving Each Other Crazy*),作者:弗朗辛·鲁索(Francine Russo)(自助)

《不情愿的照护》(*The Reluctant Carer: Dispatches from the Edge of Life*),作者:不情愿的照护者[一](回忆录)

[一] 为了保护父母的隐私,此书作者以匿名方式写作,署名为"不情愿的照护者"。——编者注

《照顾别人，是一门不可能完美的艺术：一个全职照护者的生命故事，为照护之路带来抚慰与希望》(*Tender: The Imperfect Art of Caring*)，作者：潘妮·温瑟尔（Penny Wincer）（回忆录）

勇气（Courage）

勇气需要一种积极的心态：决心、勇气和信心的结合。勇气通常与冒险或面对恐惧有关，它涉及克服困难、完成挑战或消除障碍的意愿。勇气是对逆境的一种情绪反应，它可以促进个人成长。如果你正苦于没有勇气去追求可能会积极地改变人生的东西，下面这些故事或许能帮你找到自己的内在力量和勇气。

虚构类

《相助》(*The Help*)，作者：凯瑟琳·斯多克特（Kathryn Stockett）（长篇小说）

《我不再沉默》(*Speak*)，作者：劳里·哈尔斯·安德森（Laurie Halse Anderson）（长篇小说）

非虚构类

《那时候，我只剩下勇敢》(*Wild*)，作者：谢丽尔·斯特雷德（Cheryl Strayed）（回忆录）

《我们要有足够的勇气让自己心碎》(*Brave Enough*)，作者：谢丽尔·斯特雷德（名言集）

D 抑郁症（Depression）

抑郁症是一种严重的精神疾病，其表现包括悲伤、绝望、对曾经喜欢的事物失去兴趣，因此，根据自己独特的抑郁经历寻求适当的专业支持和指导非常重要。同时，如果你想通过文学作品来探索抑郁症对生活的影响，那么下面这些书可能会对你有所帮助。

虚构类

《达洛维夫人》，作者：弗吉尼亚·伍尔夫（长篇小说）

《韦罗妮卡决定去死》（*Veronica Decides to Die*），作者：保罗·科埃略（Paulo Coelho）（长篇小说）

《寻找阿拉斯加》（*Looking for Alaska*），作者：约翰·格林（青少年）

《精神病故事》（*Psychiatric Tales*），作者：达里尔·坎宁安（Darryl Cunningham）（图画小说，自传）

非虚构类

《高兴死了！！！》（*Furiously Happy: A Funny Book About Horrible Things*），作者：珍妮·罗森（Jenny Lawson）（回忆录）

《正午之魔：抑郁是你我共有的秘密》（*The Noonday Demon: An Atlas of Depression*），作者：安德鲁·所罗门（Andrew

Solomon)(心理学,回忆录)

《冰箱里的灯》(Girl, Interrupted),作者:苏珊娜·凯森(Susanna Kaysen)(回忆录)

《活下去的理由》(Reasons to Stay Alive),作者:马特·海格(心理学,回忆录)

《重塑大脑回路:如何借助神经科学走出抑郁症》(The Upward Spiral: Using Neuroscience to Reverse the Course of Depression, One Small Change at a Time),作者:亚历克斯·科布(Alex Korb)(心理学,神经科学)

《邪恶的幽灵:作家谈抑郁症》(Unholy Ghost: Writers on Depressionedited),作者:内尔·凯西(Nell Casey)(随笔)

《这样活,不抑郁:抑郁情绪的自我调节指南》(The Cognitive Behavioral Workbook for Depression: A Step-by-Step Program),作者:威廉·J. 克瑙斯(William J. Knaus)(心理学,练习手册)

《大理石:躁狂、抑郁、米开朗基罗和我》(Marbles: Mania, Depression, Michelangelo and Me),作者:埃伦·福尼(Ellen Forney)(图文回忆录)

诗歌

《抑郁和其他魔术》(Depression & Other Magic Tricks),作者:萨布丽娜·贝纳姆(Sabrina Benaim)(诗歌集)

《迷失在我心中》(*Lost in my Mind*),作者:赖利·金凯德(Riley Kinkade)(诗歌集)

离婚(Divorce)

离婚是一个非常困难的过程,从哀悼我们曾经拥有的关系(即使是你选择了结束婚姻,哀悼也是合理的)到面对未来的不确定性,离婚充满了许多挑战。这还涉及法律、财务问题以及社会成见,但花时间阅读其他人的离婚经历可以让我们感觉不那么孤独,减少我们感受到的成见和不确定性。

虚构类

《弗莱什曼有麻烦》(*Fleishman Is in Trouble*),作者:塔菲·布罗德瑟-阿克纳(Taffy Brodesser-Akner)(长篇小说)

《心痛》(*Heartburn*),作者:诺拉·爱弗朗(Nora Ephron)(长篇小说)

《命运与狂怒》(*Fates and Furies*),作者:劳伦·格罗夫(Lauren Groff)(长篇小说)

非虚构类

《剧院里最好的座位》(*This is the Story of a Happy Marriage*),作者:安·帕奇特(Ann Patchett)(非虚构类)

《心碎：透过科学走过人生低谷》，作者：弗洛伦斯·威廉姆斯（科学，心理学）

《余波：婚姻与离婚》，作者：蕾切尔·卡斯克（回忆录）

《美食，祈祷，恋爱》（*Eat, Pray, Love: One Woman's Search for Everything Across Italy, India and Indonesia*），作者：伊丽莎白·吉尔伯特（Elizabeth Gilbert）（回忆录）

诗歌

《随波逐流》（*Changing with the Tides*），作者：谢尔比·利（Shelby Leigh）（诗歌集）

E 嫉妒（Envy）

尽管我们常常认为羡慕和嫉妒可以互换，但羡慕指的是渴望拥有别人拥有的东西，而嫉妒则是害怕失去自己已经拥有的东西。偶尔感到小小的嫉妒是很常见也很自然的，但它也可能是一种剧烈的痛苦和强烈的情绪。如果你正在努力控制自己的嫉妒，不妨看看以下一些以嫉妒为主题的长篇小说，以及一些直接指导你如何应对嫉妒的非虚构类书。

虚构类

《旁观者》(*Looker*)，作者：劳拉·西姆斯（Laura Sims）（长篇小说）

《包法利夫人》(*Madame Bovary*)，作者：古斯塔夫·福楼拜（Gustave Flaubert）（长篇小说）

《太阳照常升起》(*The Sun Also Rises*)，作者：欧内斯特·海明威（Ernest Hemingway）（长篇小说）

非虚构类

《嫉妒与社会》(*Envy: A Theory of Social Behaviour*)，作者：赫尔穆特·舍克（Helmut Schoeck）（心理学）

《身份的焦虑》(*Status Anxiety*)，作者：阿兰·德波顿（Alain de Botton）（哲学）

家庭动力（Family Dynamics）

每个家庭都是独一无二的，都有自己的故事和挑战。从性格冲突到代际创伤、心理健康问题和经济压力，这些困难都会影响我们的家庭动力。意识到每个家庭都会遇到一些问题，这会让你感觉自己并不孤单，可能会让你感到些许安慰。以下文学作品（包括虚构类和非虚构类）探索了家庭动力，并提供了积极地改变我们所处的家庭动力的策略。

虚构类

《无法别离》(*Far from the Tree*)，作者：罗宾·本韦（Robin Benway）（长篇小说）

《一切皆有可能》(*My Name is Lucy Barton*)，作者：伊丽莎白·斯特劳特（Elizabeth Strout）（长篇小说）

非虚构类

《你当像鸟飞往你的山》(*Educated*)，作者：塔拉·韦斯特弗（Tara Westover）（回忆录）

《玻璃城堡》(*The Glass Castle*)，作者：珍妮特·沃尔斯（Jeannette Walls）（回忆录）

《我们所能承担的，多过我们所能想像》(*What We Carry*)，作者：玛雅·桑巴格·朗恩（Maya Shanbhag Lang）（回忆录）

《原生家庭生存指南：如何摆脱非正常家庭环境的影响》（*They F*** You Up: How to Survive Family Life*），作者：奥利弗·詹姆斯（Oliver James）（心理学）

《修复家庭创伤：终止创伤代代相传，重建爱与连结》（*Every Family Has a Story: How We Inherit Love and Loss*），作者：朱莉娅·塞缪尔（Julia Samuel）（家庭治疗）

《背离亲缘：那些与众不同的孩子、他们的父母以及他们寻找身份认同的故事》（*Far from the Tree: Parents, Children and the Search for Identity*），作者：安德鲁·所罗门（心理学、育儿）

父亲角色（Fatherhood）

父亲角色标志着人生中一个激动人心的新篇章的开始。它可能会带来巨大的变化和新的挑战，因此，如果你对如何驾驭这个新角色感到紧张，这里有一些精彩的小说和回忆录，它们探讨了做父亲意味着什么、会发生什么以及如何应对你可能遇到的一些挑战。

虚构类

《室温》（*Room Temperature*），作者：尼科尔森·贝克（Nicholson Baker）（长篇小说）

《杀死一只知更鸟》（*To Kill a Mockingbird*），作者：哈珀·李（Harper Lee）（长篇小说）

《困惑》(*Bewilderment*)，作者：理查德·鲍尔斯（Richard Powers）(长篇小说)

非虚构类

《在世界与我之间》(*Between the World and Me*)，作者：塔那西斯·科茨（Ta-Nehisi）(回忆录)

《父亲在儿童发展中的作用》(*The Role of the Father in Child Development*)，作者：迈克尔·E. 兰姆（Michael E. Lamb）(心理学)

《假装是个好爸爸：抓住上场好时机，老婆、小孩都爱你》(*Home Game: An Accidental Guide to Fatherhood*)，作者：迈克尔·刘易斯（Michael Lewis）(回忆录)

《我儿子需要知道的事情》(*Things My Son Needs to Know About the World*)，作者：弗雷德里克·巴克曼（Fredrik Backman）(回忆录)

女性赋权（Female Empowerment）

许多文学作品都探讨过女性赋权。以下是一些关于该主题的著名的书。这些书提供了不同的视角，可以帮助读者更深入地了解当今女性面临的问题。

虚构类

《力量》(*The Power*),作者:娜奥米·阿尔德曼(Naomi Alderman)(长篇小说)

《喀耳刻》(*Circe*),作者:马德琳·米勒(Madeline Miller)(长篇小说)

《星体》(*Body of Stars*),作者:劳拉·梅伦·沃尔特(Laura Maylene Walter)(长篇小说)

非虚构类

《试着说是》(*Year of Yes: How to Dance It Out, Stand in the Sun and Be Your Own Person*),作者:珊达·莱梅斯(Shonda Rhimes)(回忆录)

《成为:米歇尔·奥巴马自传》(*Becoming*),作者:米歇尔·奥巴马(Michelle Obama)(回忆录)

《爱说教的男人》(*Mens Explain Things to Me*),作者:丽贝卡·索尔尼特(Rebecca Solnit)(女性主义,随笔)

《如果女人扎根:寻找真实与归属之旅》(*If Women Rose Rooted: A Journey to Authenticity and Belonging*),作者:莎伦·布莱基(Sharon Blackie)(女性主义)

《我们都应该做女性主义者》(*We Should All Be Feminists*),

作者：奇玛曼达·恩戈兹·阿迪契（女性主义，随笔）

《与狼共奔的女人》（*Women Who Run With the Wolves*），作者：克拉丽萨·品卡罗·埃斯蒂斯（Clarissa Pinkola Estés）（女性主义，心理学，哲学）

诗歌

《伟大的女神：来自神话和怪物的人生教训》（*Great Goddesses: Life Lessons from Myths and Monsters*），作者：尼基塔·吉尔（Nikita Gill）（诗歌集）

寻找意义（Finding Meaning）

说到寻找意义，我们可以从文学作品中找到指引。我们阅读的文字常常会引发内省，鼓励我们反省和思考我们的信念、价值观以及我们看待世界的方式。下面这些书尤其能帮助我们发现生活中的意义和目的。

非虚构类

《活出生命的意义》，作者：维克多·弗兰克尔（回忆录，心理学）

《清醒地活：超越自我的生命之旅》（*The Untethered Soul: The Journey Beyond Yourself*），作者：迈克尔·辛格（Michael A. Singer）（心理学）

诗歌

《你一直绽放：无限生活的思考》(*All Along You Were Blooming: Thoughts for Boundless Living*)，作者：摩根·哈珀·尼科尔斯（Morgan Harper Nichols）（诗歌集）

《内心》(*Inward*)，作者：容·普韦布洛（Yung Pueblo）（心理学）

哀伤（Grief）

哀伤伴随着失去，这种失去可能源于亲人离世、一段关系的结束、身体健康状况的恶化，也可能源于任何形式的重要变化，例如搬家或失业。生活是一系列的失去，我们都会在某些时刻面对某种形式的失去。作为一种普遍的体验，哀伤既痛苦又复杂。《悲伤长了翅膀》(Grief is the Thing with Feathers) 是麦克斯·波特 (Max Porter) 所写的一本精彩的长篇小说，也是作者对哀伤的深入探讨。这本书捕捉了哀伤这一稍纵即逝的体验，准确地审视了它的复杂性，并带领我们经历否认、愤怒、讨价还价、悲伤、绝望，直到最终接受的情感之旅。通过小说、回忆录和自助书，我们可以理解和认识自己内心的这些情感，与经历过丧失的他人建立联系，并学会表达我们的感受，从中找到内心的平静和宽慰。

虚构类

《天空之下》(The Sky is Everywhere)，作者：珍迪·尼尔森 (Jandy Nelson)（长篇小说）

《悲伤长了翅膀》，作者：麦克斯·波特（长篇小说）

《盐屋》(The Salt House)，作者：莉萨·达菲 (Lisa Duffy)（长篇小说）

《莉莉和章鱼》(Lily and the Octopus)，作者：史蒂文·罗利 (Steven Rowley)（长篇小说）

《我们失去的》(*What We Lose*),作者:津齐·克莱蒙斯(Zinzi Clemmons)(长篇小说)

《学着说再见》,作者:安妮·泰勒(长篇小说)

非虚构类

《奇想之年》,作者:琼·狄迪恩(回忆录)

《卿卿如晤》(*A Grief Observed*),作者:C.S.路易斯(C.S. Lewis)(回忆录)

《拥抱悲伤》,作者:梅根·迪瓦恩(心理学、自助)

《恋爱:一段关于爱情与失去的回忆》(*In Love: A Memoir of Love and Loss*),作者:埃米·布卢姆(Amy Bloom)(回忆录)

《丧失的语言:一位心理治疗师的悲伤之旅》(*Languages of Loss: A Psychotherapist's Journey Through Grief*),作者:萨莎·贝茨(Sasha Bates)(回忆录)

《拥抱可能》,作者:伊迪丝·伊娃·埃格尔(回忆录)

《了不起的我:走出丧亲之痛的自我疗愈之旅》(*The Grieving Brain: The Surprising Science of How We Learn from Love and Loss*),作者:玛丽-弗朗西斯·奥康纳(Mary-Frances O'Connor)(心理学)

《另一种选择:直面逆境,培养复原力,重拾快乐》(*Option*

B: Facing Adversity, Building Resilience, and Finding Joy），作者：谢丽尔·桑德伯格（Sheryl Sandberg）和亚当·格兰特（Adam Grant）（自助）

《为更好地活着而死》（Do Death: For a Life Better Lived），作者：阿曼达·布莱尼（Amanda Blainey）（自助）

《突破悲伤》（Breaking Sad），作者：谢利·费希尔（Shelly Fisher）和珍妮弗·琼斯（Jennifer Jones）

《疗愈成年兄妹的悲伤心灵：兄弟姐妹去世后的100个实用建议》（Healing the Adult Sibling's Grieving Heart: 100 Practical Ideas After Your Brother or Sister Dies），作者：艾伦·D. 沃尔费尔特（Alan D. Wolfelt）（自助）

《悲伤的工作：生命、死亡与生存的故事》（Grief Works: Stories of Life, Death and Surviving），作者：朱莉娅·塞缪尔（心理学，自助）

《最后的告别》（Last Things: A Graphic Memoir of Loss and Love），作者：玛丽莎·莫斯（Marissa Moss）（图画回忆录）

诗歌类

《不知为何》（Somehow），作者：海伦·卡尔卡特（Helen Calcutt）（诗歌集）

内疚（Guilt）

当我们觉得自己违反了道德或伦理准则，做出了错误行为时，就会感到内疚。这种情绪通常伴随着悔恨、遗憾和自责。内疚可以成为一种强大的动力，促使我们弥补过错、寻求宽恕，或采取措施纠正错误。然而，长期或过度的内疚可能对心理健康和整体幸福造成伤害。下面这些书对内疚这一情感进行了深入的探讨。

虚构类

《宠儿》（*Beloved*），作者：托妮·莫里森（长篇小说）

非虚构类

《摆脱有毒的内疚：五个验证有效的步骤，永久解放自我》（*Escaping Toxic Guilt: Five Proven Steps to Free Yourself from Guilt for Good!*），作者：苏珊·卡雷尔（Susan Carrell）（个人成长）

《放下内疚：别再苛责自己，找回你的快乐》（*Let Go of the Guilt: Stop Beating Yourself Up and Take Back Your Joy*），作者：瓦勒里·伯顿（Valorie Burton）（个人成长）

绝望（Hopelessness）

绝望源于一种无助感和在特定情境中缺乏掌控力的体验。例如，当我们面对难以应对的挑战，或感到被困在无法逃脱的困境时，就会体验到绝望。此时，我们会经历强烈的无力感、绝望和悲伤。在这种情况下，寻求支持并找到恢复控制权和行动力的方法至关重要。以下推荐的书可以帮助我们重燃希望，展示了人无论身处何种境地，都可以通过掌握行动力来感到更加自信和积极的策略。

虚构类

《原谅我，伦纳德·皮考克》(*Forgive Me, Leonard Peacock*)，作者：马修·奎克（Matthew Quick）（长篇小说）

非虚构类

《活下去的理由》，作者：马特·海格（心理学，回忆录）

《驭风少年》(*The Boy Who Harnessed the Wind: Creating Currents of Electricity and Hope*)，作者：威廉·坎宽巴（William Kamkwamba）（回忆录）

《生活即变化》(*This Too Shall Pass: Stories of Change, Crises and Hopeful Beginnings*)，作者：朱莉娅·塞缪尔（心理学）

《即便如此,仍对生命说是》(*Yes to Life in Spite of Everything*),作者:维克多·弗兰克尔(个人成长)

《胜利的感觉真棒》(*The Little Big Things*),作者:亨利·弗雷泽(Henry Fraser)(回忆录)

自我认同危机（Identity crisis）

自我认同危机可能会促使我们质疑自己的信念、价值观、目标和生活意义，这种状态往往伴随着焦虑、不安和困惑的情绪。尽管自我认同危机是个人成长过程中正常且健康的一部分，但它也可能是一种具有挑战性且令人不适的经历，使我们需要支持和指引。下面这些书或许可以帮助你更好地探索自己的价值观、目标和人生意义。

虚构类

《半轮黄日》（*Half of a Yellow Sun*），作者：奇玛曼达·恩戈兹·阿迪契（长篇小说）

《已故的帕斯卡尔》（*The Late Mattia Pascal*），作者：路易吉·皮兰德娄（Luigi Pirandello）（长篇小说）

《人间失格》（*No Longer Human*），作者：太宰治（Osamu Dazai）（长篇小说）

《白牙》（*White Teeth*），作者：扎迪·史密斯（长篇小说）

《咸水》（*Saltwater*），作者：杰茜卡·安德鲁斯（Jessica Andrews）（长篇小说）

非虚构类

《束缚的谎言：重新思考身份》（*The Lies That Bind: Re-*

thinking Identity），作者：奎迈·安东尼·阿皮亚（Kwame Anthony Appiah）（哲学，心理学）

《地位游戏》（*The Status Game*），作者：威尔·施托尔（Will Storr）（心理学，社会学）

《身份：非常简短的介绍》（*Identity: A Very Short Introduction*），作者：弗洛里安·库尔马斯（Florian Coulmas）（心理学，社会学）

《论身份》（*On Identity*），作者：阿明·马洛夫（Amin Maalouf）（心理学，哲学）

《镜子里的陌生人：对自我的科学探索》（*Stranger in the Mirror: The Scientific Search for the Self*），作者：罗伯特·莱文（Robert Levine）（哲学）

不孕（Infertility）

当我们面对不孕问题时，照顾好自己的身心健康至关重要。我们可能需要处理悲伤、愤怒和挫败等情绪。参与自我关怀活动，比如阅读、锻炼或冥想，可以帮助减少我们感受到的压力水平，并改善整体福祉。同时，你也要记住，不孕不应定义你的价值，建立家庭有许多不同的途径。下面这些书可能可以为你提供前行的道路。

虚构类

《孵化》(*Brood*),作者:杰基·波尔青(Jackie Polzin)(长篇小说)

《灯塔里的陌生女孩》(*The Light Between Oceans*),作者:M.L. 斯特德曼(M. L. Stedman)(长篇小说)

《第二个妻子》(*Stay With Me*),作者:阿约巴米·阿德巴约(Ayobami Adebayo)(长篇小说)

非虚构类

《给自己的笔记》(*Notes to Self*),作者:埃米莉·派因(Emilie Pine)(随笔)

《等待的艺术:关于生育、医学与母性的思考》(*The Art of Waiting: On Fertility, Medicine, and Motherhood*),作者:贝尔·博格斯(Belle Boggs)(回忆录)

《沉默的姐妹联谊会:一个不孕女人的愤怒与迷失》(*Silent Sorority: A Barren Woman Gets Busy, Angry, Lost and Found*),作者:帕梅拉·马奥尼·茨吉迪诺斯(Pamela Mahoney Tsigdinos)(回忆录)

《给所有想当妈妈的人,科学实证养卵圣经:现在准备刚刚好,养好卵子生宝宝!》(*It Starts with the Egg: How the Science of Egg Quality Can Help You Get Pregnant Naturally,*

Prevent Miscarriage, and Improve Your Odds in IVF),作者：瑞贝卡·费特（Rebecca Fett）（健康）

失眠（Insomnia）

失眠是一种极为令人沮丧的症状，它在白天和夜晚都严重影响我们的思维、情绪、生产力以及整体的生活质量。虽然我们可能需要专业人士的帮助来解决失眠问题，但以下文学作品，包括一本关于失眠的诗集，也许能为我们提供安慰和支持。

虚构类

《黑夜之后》（After Dark），作者：村上春树（Haruki Murakami）（长篇小说）

《罗盘》（Boussole），作者：马蒂亚斯·埃纳尔（Mathias Enard）（长篇小说）

非虚构类

《空无：失眠的画像》（Nothing: A Portrait of Insomnia），作者：布莱克·巴特勒（Blake Butler）（回忆录）

《昨夜的第 1001 只羊：献给失眠人的小书》（Insomnia），作者：玛丽娜·本杰明（Marina Benjamin）（回忆录）

《我们为什么要睡觉?》(*Why We Sleep: Unlocking the Power of Sleep and Dreams*),作者:马修·沃克(Matthew Walker)(神经科学)

《睡人》(*Awakenings*),作者:奥利弗·萨克斯(Oliver Sacks)(心理学,神经科学)

《睡眠仪式:100种深度和平静睡眠的实践》(*Sleep Rituals: 100 Practices for a Deep and Peaceful Sleep*),作者:珍妮弗·威廉森(Jennifer Williamson)(自助)

诗歌类

《与夜相识:失眠诗集》(*Acquainted with the Night: Insomnia Poems*),作者:莉萨·拉斯·斯帕尔(Lisa Russ Spaar)(诗歌集)

亲密关系(Intimacy)

缺乏与伴侣的亲密关系可能会给人带来强烈的疏离感,甚至会让人感到被拒绝和被抛弃。这种状况可能会影响我们的自尊,让我们感到自己没有魅力或不被渴望。我们也可能会为曾经拥有的亲密关系感到失落或悲伤,并渴望恢复与伴侣之间曾经有过的亲密、关爱和情感支持。下面这些书为我们提供了重建和恢复曾经的亲密关系的指导。

虚构类

《为她准备》(*Prepare Her*),作者:吉纳维芙·普伦基特(Genevieve Plunkett)(短篇小说集)

《不存在的情人》(*Mr. Fox*),作者:海伦·奥耶耶美(Helen Oyeyemi)(长篇小说)

《静物画》(*Still Life*),作者:莎拉·韦曼(Sarah Winman)(长篇小说)

《恋恋笔记本》(*The Notebook*),作者:尼古拉斯·斯帕克思(Nicholas Sparks)(长篇小说)

《奥丽芙·基特里奇》(*Olive Kitteridge*),作者:伊丽莎白·斯特劳特(长篇小说)

《夜晚发生的事》(*What Happens at Night*),作者:彼得·卡梅伦(Peter Cameron)(长篇小说)

非虚构类

《三个女人》(*Three Women*),作者:莉萨·塔代奥(Lisa Taddeo)(纪实文学)

《与莎士比亚的性爱》(*Sex with Shakespeare*),作者:吉莉恩·基南(Jillian Keenan)(回忆录)

《爱的五种语言》,作者:盖瑞·查普曼(个人成长)

《人的七张面孔：人际关系背后的心理奥秘》（*The Relationship Cure: A 5 Step Guide to Strengthening Your Marriage, Family, and Friendships*），作者：约翰·戈特曼（John Gottman）和琼·德克莱尔（Joan DeClaire）（个人发展）

《亲密关系与情感依赖》（*Attached: The New Science of Adult Attachment and How It Can Help You Find—and Keep—Love*），作者：阿米尔·莱文（Amir Levine）和蕾切尔·赫尔勒（Rachel Heller）（心理学）

《亲密陷阱：爱、欲望与平衡艺术》，作者：埃丝特·佩瑞尔（心理学）

《欲望的演化：人类的择偶策略》（*The Evolution of Desire: Strategies of Human Mating*），作者：戴维·巴斯（David M. Buss）（心理学）

诗歌类

《夜之爱》（*Love by Night*），作者：S.K. 威廉斯（S. K. Williams）（诗歌集）

J 嫉妒（Jealousy）

嫉妒可以是积极的情感，也可以是消极的情感。积极的嫉妒可以促使我们解决关系中的问题或增强自我意识。然而，当嫉妒引发有害行为时，例如查看爱人的手机，监视他人的社交媒体动态，进行毫无根据的指责或表现出过度占有欲时，制订应对嫉妒情绪的策略可能会有所帮助。这些策略可能包括建立信任和改善关系中的沟通能力。以下是一些探讨嫉妒主题的书。

虚构类

《奥赛罗》（*Othello*），作者：莎士比亚（戏剧）

《呼啸山庄》（*Wuthering Heights*），作者：艾米莉·勃朗特（Emily Brontë）（长篇小说）

《克莱采鸣奏曲》（*The Kreutzer Sonata*），作者：列夫·托尔斯泰（长篇小说）

《天才少年的黄昏》（*The Interestings*），作者：梅格·沃利策（Meg Wolitzer）（长篇小说）

《紧急时打破》（*Break in Case of Emergency*），作者：杰茜卡·温特（Jessica Winter）（长篇小说）

非虚构类

《为什么嫉妒使你面目全非》（*The Jealousy Cure: Learn to*

Trust, Overcome Possessiveness, and Save Your Relationship),作者:罗伯特·L. 莱希(Robert L. Leahy)(个人成长)

《嫉妒》(*Jealousy*),作者:马塞尔·普鲁斯特(Marcel Proust)(心理学)

K 变化恐惧症（Kainotophobia）

变化总是令人难以适应，因为它涉及面对失去——失去我们曾经习惯的活动、人物或生活方式。对变化的恐惧可能表现为多种形式：避免新体验或挑战，固守熟悉的模式或习惯，对成长和发展的新机会持关闭态度，或在面对突如其来的变化时感到焦虑。当你因害怕变化而限制了自己的发展，它可能导致严重的不满感。

虚构类

《克莱尔蒙特的帕尔弗雷太太》（*Mrs. Palfrey at the Claremont*），作者：伊丽莎白·泰勒（Elizabeth Taylor）（长篇小说）

《变化》（*The Change*），作者：基尔斯滕·米勒（Kirsten Miller）（长篇小说）

非虚构类

《你当像鸟飞往你的山》，作者：塔拉·韦斯特弗（回忆录）

《相约星期二》（*Tuesdays with Morrie*），作者：米奇·阿尔博姆（Mitch Albom）（回忆录）

《瓦尔登湖》（*Walden*），作者：亨利·戴维·梭罗（Henry David Thoreau）（回忆录，哲学）

《沉思录》，作者：马可·奥勒留（哲学）

《可能性的艺术：改变生活和事业的十二项实践》(*The Art of Possibility: Transforming Professional and Personal Life*)，作者：罗莎蒙德·斯通·赞德（Rosamund Stone Zander）和本杰明·赞德（Benjamin Zander）（个人成长）

《情绪可控力》(*Emotional Agility: Get Unstuck, Embrace Change and Thrive in Work and Life*)，作者：苏珊·戴维（Susan David）（个人成长）

《光之使者宣言：如何在不失去快乐的情况下为变化而工作》(*The Lightmaker's Manifesto: How to Work for Change Without Losing Your Joy*)，作者：卡伦·沃尔龙德（Karen Walrond）（个人成长）

L 领导力 (Leadership)

领导力涉及持续的学习、个人成长和实践。它包括建立自我意识和有效的人际交往技能，找到好的导师和教练来支持自己的成长，并培养一种积极和赋能的文化。以下文学作品通过小说叙事以及心理学和哲学等非虚构作品，为培养领导力提供了有价值的见解。

虚构类

《瓦解》(*Things Fall Apart*)，作者：钦努阿·阿契贝 (Chinua Achebe)（长篇小说）

《尤力乌斯·凯撒》(*Julius Caesar*)，作者：莎士比亚（戏剧）

《推销员之死》(*Death of a Salesman*)，作者：阿瑟·米勒 (Arthur Miller)（戏剧）

《安提戈涅》(*Antigone*)，作者：索福克勒斯（戏剧）

非虚构类

《孙子兵法》，作者：孙武（哲学）

《聚会：如何打造高效社交网络》(*The Art of Gathering: How We Meet and Why it Matters*)，作者：普里亚·帕克 (Priya Parker)（心理学，社会学）

《敢于领导：勇敢的工作，艰难的对话，真诚的心》，作者：布琳·布朗（心理学）

《离经叛道：不按常理出牌的人如何改变世界》（*Originals: How Non-Conformists Move the World*），作者：亚当·格兰特（心理学）

《鞋狗：耐克创始人菲尔·奈特自传》（*Shoe Dog: A Memoir by the Creator of Nike*），作者：菲尔·奈特（Phil Knight）（回忆录）

LGBQT+（性少数群体）

LGBQT+ 文学指的是关注或以自认为是女同性恋、男同性恋、双性恋、跨性别、酷儿或其他非异性恋或非顺性别身份的角色为主题的书面作品。这类文学代表并探讨了 LGBQT+ 人群的多样化经验，包括他们的斗争、胜利、关系和身份。LGBQT+ 文学在塑造关于性别和性取向等与身份相关的议题的公共话语中起着重要作用。它为 LGBQT+ 作家提供了一个分享他们的故事和经历的平台，并提高了大众对 LGBQT+ 群体的认识和理解。以下是一个多元化的 LGBQT+ 文学选集，包括小说、回忆录、自传、随笔和诗歌。

虚构类

《盐的代价》（*The Price of Salt, or Carol*），作者：帕特里夏·海史密斯（Patricia Highsmith）（长篇小说）

《鳄鱼手记》(*Notes of a Crocodile*),作者:邱妙津(长篇小说)

《不是一天》(*Not One Day*),作者:安妮·加雷塔(Anne Garréta)(长篇小说)

《德洛雷斯之后》(*After Delores*),作者:萨拉·舒尔曼(Sarah Schulman)(长篇小说)

《幸运之子》(*The Great Believers*),作者:丽贝卡·毛考伊(Rebecca Makkai)(长篇小说)

《愠怒》(*The Heart's Invisible Furies*),作者:约翰·伯恩(John Boyne)(长篇小说)

《纪念》(*Memorial*),作者:布赖恩·华盛顿(Bryan Washington)(长篇小说)

《你们每一个》(*All of You Every Single One*),作者:比阿特丽丝·希契曼(Beatrice Hitchman)(长篇小说)

《一场普通的奇迹》(*An Ordinary Wonder*),作者:比基·帕皮伦(Buki Papillon)(长篇小说)

《聊天记录》(*Conversations with Friends*),作者:萨莉·鲁尼(Sally Rooney)(长篇小说)

《博克斯希尔》(*Box Hill*),作者:亚当·马尔斯-琼斯(Adam Mars-Jones)(长篇小说)

《清洁》(*Cleanness*),作者:加思·格林韦尔(Garth Greenwell)

（长篇小说）

《激动的时光》(*Exciting Times*)，作者：纳奥伊斯·多兰（Naoise Dolan）(长篇小说)

《分手去旅行》(*Less*)，作者：安德鲁·西恩·格利尔（Andrew Sean Greer）(长篇小说)

非虚构类

《卡森·麦卡勒斯的自传》(*My Autobiography of Carson McCullers*)，作者：让·沙普兰（Jenn Shapland）(回忆录)

《一个显而易见的人》(*A Visible Man*)，作者：爱德华·恩宁富尔（Edward Enninful）(回忆录)

《你是这个吗？还是那个？一个关于身份与价值的故事》(*Are You This? Or Are You This? A Story of Identity and Worth*)，作者：梅迪恩·阿尔贾泽拉（Madian Al Jazerah）和埃伦·乔治乌（Ellen Georgiou）(回忆录)

《燃烧我的印度饼：作为一名酷儿印度女性突破障碍》(*Burning My Roti: Breaking Barriers as a Queer Indian Woman*)，作者：沙兰·达利瓦尔（Sharan Dhaliwal）(回忆录)

《我要快乐，不必正常》(*Why Be Happy When You Could Be Normal?*)，作者：珍妮特·温特森（Jeanette Winterson）(回忆录)

《全力以赴》(*All In*),作者:比利·琼·金(Billie Jean King)(回忆录)

《艾伦·图灵传》(*Alan Turing: The Enigma*),作者:安德鲁·霍奇斯(Andrew Hodges)(传记)

《如何做女孩:一个母亲的回忆录,讲述她抚养跨性别女儿的故事》(*How to be a Girl: A Mother's Memoir of Raising her Transgender Daughter*),作者:马洛·麦克(Marlo Mack)(回忆录)

《梦之屋》(*In the Dream House*),作者:卡门·玛丽亚·马查多(Carmen Maria Machado)(回忆录)

《不惧失去,不负相遇》(*Lost & Found : Reflections on Grief, Gratitude, and Happiness*),作者:凯瑟琳·舒尔茨(Kathryn Schulz)(回忆录)

《情书:薇塔与弗吉尼亚》(*Love Letters: Vita and Virginia*),作者:薇塔·萨克维尔-韦斯特(Vita Sackville-West)和弗吉尼亚·伍尔夫(书信)

《光谱:跨性别自闭症者的亲述》(*Spectrums: Autistic Transgender People in Their Own Words*),作者:马克斯菲尔德·斯帕罗(Maxfield Sparrow)(随笔)

《陌生人:十九世纪的同性恋爱情》(*Strangers: Homosexual Love in the Nineteenth Century*),作者:格雷厄姆·罗布

（Graham Robb）（历史）

《魔术师》（*The Magician*），作者：科尔姆·托宾（Colm Tóibín）（传记）

《直到我遇到我的丈夫》（*Until I Meet My Husband*），作者：七崎亮介（Ryousuke Nanasaki）（随笔）

《任性人生，迷人的实验：黑人女孩、麻烦女人与酷儿激进者的亲密历史》（*Wayward Lives, Beautiful Experiments: Intimate Histories of Riotous Black Girls, Troublesome Women and Queer Radicals*），作者：萨伊迪娅·哈特曼（Saidiya Hartman）（历史，女性主义，社会学）

《女孩的感觉是怎样的》（*What It Feels Like for a Girl*），作者：帕里斯·莱斯（Paris Lees）（传记）

《哇，不，谢谢》（*Wow, No Thank You*），作者：萨曼莎·厄比（Samantha Irby）（随笔）

《欢乐之家》（*Fun Home: A Family Tragicomic*），作者：艾莉森·贝克德尔（图画回忆录）

《我的女同性恋孤独体验》（*My Lesbian Experience with Loneliness*），作者：永田加奈子（Kabi Nagata）（图画回忆录）

诗歌类

《回家：关于爱、性与人类存在的诗歌》（*Coming Home to

Her: Poems about Love, Sexuality, and Being Human),作者:埃米莉·朱尼珀(Emily Juniper)(诗歌集)

孤独(Loneliness)

孤独是人类普遍的情感,几个世纪以来,许多作家在文学作品中探讨了这一情感,既有虚构的作品,也有他们自己亲身经历的分享。以下是一些帮助我们理解和应对孤独的文学作品。

虚构类

《没有女人的男人们》(*Men Without Women*),作者:村上春树(长篇小说)

《人间便利店》(*Convenience Store Woman*),作者:村田沙耶香(Sayaka Murata)(长篇小说)

《所有我们看不见的光》(*All the Light We Cannot See*),作者:安东尼·多尔(Anthony Doerr)(长篇小说)

《艾莉诺好极了》(*Eleanor Oliphant Is Completely Fine*),作者:盖尔·霍尼曼(Gail Honeyman)(长篇小说)

非虚构类

《孤独的城市》(*The Lonely City*),作者:奥利维娅·莱恩

（Olivia Laing）（回忆录）

《柏拉图式的友情：依附理论如何帮助你建立和维持友谊》（*Platonic: How the Science of Attachment Can Help You Make and Keep Friends*），作者：玛丽萨·佛朗哥（Marisa Franco）（心理学、人际关系）

《独处七日：找回被剥夺的心灵资源，全新思考、理解自己、靠近他人》（*Solitude: In Pursuit of a Singular Life in a Crowded World*），作者：迈克尔·哈里斯（Michael Harris）（心理学，哲学）

诗歌类

《永恒的回声：探索我们对归属的渴望》（*Eternal Echoes: Exploring Our Hunger to Belong*），作者：约翰·奥多诺霍（诗歌集）

M 更年期（Menopause）

更年期是女性自然生理过程的一个阶段，标志着女性生育年限的结束。通常发生在 45～55 岁，但也可能早于或晚于这个年龄段。作为一个正常的自然过程，它可能对女性的生活质量产生显著影响。女性在更年期期间会经历许多症状，包括情绪低落、失眠、潮热和夜间盗汗。如果你是正在经历更年期的女性，或是认识一位正在经历更年期的女性，以下关于更年期的文学作品可能会对你有所帮助。这些文学作品中包括探讨女性主人公更年期经历的小说、回忆录、真实故事以及提供丰富信息的健康类书籍。

虚构类

《达洛维夫人》，作者：弗吉尼亚·伍尔夫（长篇小说）

《黎明的裂缝》（*Break of Day*），作者：科莱特（Colette）（小说，自传体小说）

《到底有多难：一个中年母亲的自我救赎》（*How Hard Can It Be?*），作者：爱丽森·皮尔森（Allison Pearson）（长篇小说）

《某种愤怒的女人》（*Woman of a Certain Rage*），作者：乔吉·霍尔（Georgie Hall）（长篇小说）

非虚构类

《更年期女性的忏悔》（*Confessions of a Menopausal Woman*），

作者：安德烈娅·麦克莱恩（Andrea McLean）（回忆录）

《闪光日记：更年期与自然生活的证明》（*Flash Count Diary: Menopause and the Vindication of Natural Life*），作者：达尔塞·施泰因克（Darcey Steinke）（回忆录）

《更年期的秘密》（*The M Word*），作者：菲利帕·凯（Philippa Kaye）（健康）

《更年期：通往第二春的积极路线图》（*Menopausing: The Positive Roadmap to Your Second Spring*），作者：达维娜·麦考尔（Davina McCall）和娜奥米·波特（Naomi Potter）（健康）

《更年期独白》[*The Menopause Monologues: Real experiences by real women（and a few men!）*]和《更年期独白2》（*The Menopause Monologues 2: More real experiences by real women*），作者：哈丽雅特·鲍威尔（Harriet Powell）（随笔）

《改变：女性、衰老和更年期》（*The Change: Women, Ageing and the Menopause*），作者：杰梅茵·格里尔（Germaine Greer）（健康，心理学）

中年（Midlife）

在中年时期经历身份危机并不罕见，这可能导致心理和情感上的动荡。如果你正在经历这样的危机，你可能会感到对当前生活状态的不满，对改变或新体验的渴望，以及对未来的忧虑或焦虑。如果你正面临中年危机，你可能会在虚构或非虚构作品中与他人的经历产生共鸣。以下是一些精选的描写中年故事的文学作品，或许能让你联想到自己的经历并产生共鸣。

虚构类

《故事的守护者》（*The Keeper of Stories*），作者：萨莉·佩奇（Sally Page）（长篇小说）

《天黑前的夏天》（*The Summer Before the Dark*），作者：多丽丝·莱辛（Doris Lessing）（长篇小说）

《亲密》（*Intimacy*），作者：哈尼夫·库雷西（Hanif Kureishi）（长篇小说）

非虚构类

《不曾走过怎会懂得》（*Lots of Candles, Plenty of Cake*），作者：安娜·昆德兰（Anna Quindlen）（回忆录）

《中年暂停》（*The Middlepause*），作者：玛丽娜·本杰明（回忆录）

《重来也不会好过现在：成年人的哲学指南》（*Midlife: A Philosophical Guide*），作者：基兰·塞蒂亚（Kieran Setiya）（哲学，个人成长）

《中年之路：穿越幽暗，迎向完整的内在炼金之旅》（*The Middle Passage: From Misery to Meaning in Midlife*），作者：詹姆斯·霍利斯（James Hollis）（哲学，个人成长）

《人生下半场最重要的事》（*Women Rowing North: Navigating Life's Currents and Flourishing as We Age*），作者：玛丽·皮弗（Mary Pipher）（心理学，回忆录）

《阅读蒙田，是为了生活》（*How to Live: A Life of Montaigne in One Question and Twenty Attempts at an Answer*），作者：萨拉·贝克韦尔（Sarah Bakewell）（传记）

《老妇人之道：重新定义人生下半场》（*Hagitude: Reimagining the Second Half of Life*），作者：莎伦·布莱基（女性主义）

身心联结（Mind-Body connection）

身心联结指的是思想、情感、行为与身体健康之间的复杂关系。思想和情感对我们的身体健康有着强大的影响，例如，压力通过皮质醇的分泌影响我们的身体，长期的皮质醇分泌会损害免疫系统，并导致心血管疾病，压力还会引发焦虑和抑郁的症状，影响我们的心理健康。为了理解身心联结及其对心理和身体健康的影响，下面这些书可能会有所帮助。

非虚构类

《身心处方：疗愈身体，疗愈痛苦》（*The Mind–Body Prescription:*

Healing the Body, Healing the Pain），作者：约翰·E. 萨尔诺（John E. Sarno）（心理学）

《共鸣：情绪分子的奇妙世界》（*Molecules of Emotion: The Science Behind Mind–Body Medicine*），作者：甘德斯·柏特（Candace Pert）（心理学，神经科学）

正念与冥想（Mindfulness and Meditation）

正念与冥想在心理学和神经科学领域得到了广泛研究，它们是强有力的心理健康工具，有助于减轻压力并促进心理健康。以下是一些相关的重要的书。

非虚构类

《当下的力量》（*The Power of Now*），作者：埃克哈特·托利（Eckhart Tolle）（个人成长）

《清醒地活：超越自我的生命之旅》，作者：迈克尔·辛格（个人成长）

《正念：此刻是一枝花》（*Wherever You Go, There You Are: Mindfulness Meditation in Everyday Life*），作者：乔·卡巴金（Jon Kabat-Zinn）（个人成长）

母亲身份（Motherhood）

从意外怀孕、怀孕困难、产后抑郁、对母亲身份的疑虑、抚养他人孩子的挑战，到作为单亲职场妈妈的种种困境，现代文学通过对这些主题的细腻描写，呈现了母亲身份的复杂性和多面性。这些关于母亲身份的现实趋势在一些书中得到了充分体现，书中呈现了让人感到熟悉又脆弱的关于这些经历的描述。

虚构类

《那种母亲》(*That Kind of Mother*)，作者：罗曼·阿拉姆（Rumaan Alam）（长篇小说）

《做母亲的喜悦》(*The Joys of Motherhood*)，作者：布奇·埃梅谢塔（Buchi Emecheta）（长篇小说）

《乳与卵》(*Breasts and Eggs*)，作者：川上未映子（Mieko Kawakami）（长篇小说）

《母亲们》(*The Mothers*)，作者：布里·贝内（Brit Bennett）（长篇小说）

《小小小小的火》(*Little Fires Everywhere*)，作者：伍绮诗（Celeste Ng）（长篇小说）

《我本不该成为母亲》(*The Push*)，作者：阿什莉·奥德兰（Ashley Audrain）（长篇小说）

非虚构类

《母亲：一篇关于爱与残酷的随笔》(*Mothers: An Essay on*

Love and Cruelty），作者：杰奎琳·罗斯（Jacqueline Rose）（随笔）

《母亲的道》（*The Tao of Motherhood*），作者：维玛拉·麦克卢尔（Vimala McClure）（育儿）

《女人所生：作为体验与成规的母性》（*Of Woman Born: Motherhood as Experience and Institution*），作者：艾德丽安·里奇（Adrienne Rich）（女性主义、育儿）

《房间里的母亲》（*Motherhood*），作者：希拉·海蒂（Sheila Heti）（女性主义）

《母亲的宣誓书》（*The Motherhood Affidavits*），作者：劳拉·琼·贝克尔（Laura Jean Baker）（回忆录）

《黑色牛奶：关于母亲身份与写作》（*Black Milk: On Motherhood and Writing*），作者：埃利夫·沙法克（Elif Shafak）（回忆录）

《那些帮助过我的事》（*Things That Helped*），作者：杰茜卡·弗里德曼（Jessica Friedmann）（随笔）

《一个绝佳的选择：我独自走向母亲身份的恐慌与喜悦》（*An Excellent Choice: Panic and Joy on My Solo Path to Motherhood*），作者：埃玛·布罗克斯（Emma Brockes）（回忆录）

《现在我们拥有一切：我还没准备好就成为母亲》（*And Now We Have Everything: On Motherhood Before I Was Ready*），作者：米根·奥康奈尔（Meaghan O'Connell）（回忆录）

自恋与自恋型人格障碍（Narcissism and Narcissistic Personality Disorder）

如果一个人存在夸大的自我重要感，并过度渴望他人的钦佩，他们可能正面临自恋或自恋型人格障碍的困扰。（请注意，自恋型人格障碍是一种复杂且严重的心理健康问题，需要专业诊断。）如果你认为这种情况可能与你自己或亲近的人相关，以下关于自恋与自恋型人格障碍的文学作品或许能够帮助你更深入地了解这一主题。

虚构类

《道林·格雷的画像》（*The Picture of Dorian Gray*），作者：奥斯卡·王尔德（Oscar Wilde）（长篇小说）

《美国精神病》（*American Psycho*），作者：B. E. 埃利斯（Bret Easton Ellis）（长篇小说）

《了不起的盖茨比》，作者：弗朗西斯·斯科特·菲茨杰拉德（长篇小说）

《白夹竹桃》（*White Oleander*），作者：珍妮特·菲奇（Janet Fitch）（长篇小说）

非虚构类

《创伤性自恋与康复：走出羞耻与恐惧的牢笼》（*Traumatic*

Narcissism and Recovery: Leaving the Prison of Shame and Fear),作者:丹尼尔·肖(Daniel Shaw)(心理学)

《恶性自恋》(*Malignant Self-Love*),作者:萨姆·瓦克宁(Sam Vaknin)(心理学,人格障碍)

《失控的自尊:为何我们自卑又自恋》(*Rethinking Narcissism: The Secret to Recognizing and Coping with Narcissists*),作者:克雷格·马尔金(Craig Malkin)博士(心理学,人格障碍)

《关系陷阱:如何与自恋的人相处》(*Disarming the Narcissist*),作者:温迪·T.巴哈利(Wendy T.Behary)(心理学,人际关系)

《为什么爱会伤人》(*Should I Stay or Should I Go: Surviving A Relationship with a Narcissist*),作者:拉马尼·德瓦苏拉(Ramani Durvasula)(心理学,人际关系)

强迫症（Obsessive-compulsive Disorder，OCD）

持续的侵入性思维（强迫概念）与重复性行为（强迫行为）可能会显著干扰日常生活。为了更好地理解这些行为，我们可以通过观察他人如何经历和应对这些症状来获得启发。以下是一些小说、回忆录和非虚构作品，希望它们能够帮助你识别和管理复杂的强迫症的症状。

虚构类

《龟背上的世界》，作者：约翰·格林（长篇小说）

《你留给我的历史》（*History is All You Left Me*），作者：亚当·西尔韦拉（Adam Silvera）（长篇小说）

《十的清单》（*List of Ten*），作者：哈利·戈麦斯（Halli Gomez）（长篇小说）

非虚构类

《痴迷：我的强迫症人生回忆录》（*Obsessed: A Memoir of My Life with OCD*），作者：艾莉森·布里茨（Allison Britz）（回忆录）

《摆脱内心的白熊：10步战胜强迫症》（*Getting Over OCD: A 10-Step Workbook for Taking Back Your Life*），作者：乔纳森·S. 阿布拉莫维茨（Jonathan S. Abramowitz）（练习手册）

《无法停止洗手的男孩:强迫症的经验和治疗》(*The Boy Who Couldn't Stop Washing: The Experience and Treatment of Obsessive-Compulsive Disorder*),作者:朱迪茜·瑞坡坡特(Judith L. Rapoport)(心理学)

《倒带、重播、重复:强迫症回忆录》(*Rewind Replay Repeat: A Memoir of Obsessive-Compulsive Disorder*),作者:杰夫·贝尔(Jeff Bell)(回忆录)

过度思考(Overthinking)

过度思考常表现为重复思考同一问题,或陷入"最坏情况"的思维,总是以为最坏的事情会发生。这种习惯对健康有害,因此认识到自己何时陷入这种行为,并学习有效的对应策略来管理情绪和想法至关重要。

虚构类

《笑忘录》(*The Book of Laughter and Forgetting*),作者:米兰·昆德拉(Milan Kundera)(短篇小说集)

非虚构类

《活在当下》(*Be Here Now*),作者:拉姆·达斯(Ram Dass)(个人成长)

《无法停止思考:如何摆脱焦虑症和强迫性反刍》(*Can't*

Stop Thinking: How to Let Go of Anxiety and Free Yourself from Obsessive Rumination），作者：南希·科利耶（Nancy Colier）（个人成长）

《解锁：直面闯入性思维》（*Overcoming Unwanted Intrusive Thoughts: A CBT-Based Guide to Getting over Frightening, Obsessive, or Disturbing Thoughts*），作者：莎莉·M.温斯顿（Sally M.Winston）和马丁·N.塞夫（Martin N. Seif）（心理学）

《宁静的力量》（*Stillness is the Key*），作者：瑞安·霍利迪（Ryan Holiday）（个人成长）

《解忧呼吸法：25种简单练习，克服负面情绪、睡眠问题、身体疼痛，达到全方位身心平衡》（*How to Breathe: 25 Simple Practices for Calm, Joy, and Resilience*），作者：阿什利·尼斯（Ashley Neese）（个人成长）

诗歌类

《一千个清晨》（*A Thousand Mornings*），作者：玛丽·奥利弗（Mary Oliver）（诗歌集）

P 惊恐发作（Panic Attacks）

如果你曾经经历过突然且强烈的恐惧，伴随着身体症状，例如心跳加速、呼吸急促和出汗，那可能是一次惊恐发作。这种经历可能会让人感到痛苦和困扰，但通过使用正确的工具，你可以减少惊恐发作的发生频率和影响。以下是一些我推荐的有助于理解惊恐发作并学习其管理策略的书。

虚构类

《我为此而生》（*I Was Born for This*），作者：艾丽斯·奥斯曼（长篇小说）

《做自己的人》（*Symptoms of Being Human*），作者：杰夫·加文（Jeff Garvin）（长篇小说）

非虚构类

《焦虑情绪调节手册：改变生活的全新心理疗法》（*When Panic Attacks*），作者：大卫·伯恩斯（David D.Burns）（心理学）

《惊恐：起源、洞察与治疗》（*Panic: Origins, Insight and Treatment*），作者：布鲁克·沃纳（Brooke Warner）和伦纳德·施密特（Leonard Schmidt）（心理学）

育儿（Parenting）

育儿是一项复杂且充满挑战的任务。关于这一主题的文献非常丰富，涵盖了从养育男孩、兄弟姐妹间的竞争、情感与创伤，到处理儿童心理健康的诸多子领域。以下是一些多样化的小说和非虚构作品的推荐，它们可以帮助读者应对常见的育儿挑战。

虚构类

《我们归属的地方》（*Where We Belong*），作者：艾米莉·吉芬（Emily Giffin）（长篇小说）

《山姆和我的幸福冒险》（*A Boy Made of Blocks*），作者：基思·斯图尔特（Keith Stuart）（长篇小说）

《小地震》（*Little Earthquakes*），作者：珍妮弗·韦纳（Jennifer Weiner）（长篇小说）

《十一小时》（*Eleven Hours*），作者：帕梅拉·埃伦斯（Pamela Erens）（长篇小说）

《她所渴望的一切》（*All She Ever Wanted*），作者：罗莎琳德·努南（Rosalind Noonan）（长篇小说）

《弯曲的树枝》（*The Crooked Branch*），作者：珍妮因·卡明斯（Jeanine Cummins）（长篇小说）

《无声告白》（*Everything I Never Told You*），作者：伍绮诗（长篇小说）

《无法别离》，作者：罗宾·本韦（长篇小说）

《哈姆奈特》(*Hamnet*)，作者：玛姬·欧法洛（Maggie O'Farrell）（长篇小说）

《男孩不哭》(*Boys Don't Cry*)，作者：菲奥娜·斯卡莉特（Fíona Scarlett）（长篇小说）

《牵手之初》(*The Hand That First Held Mine*)，作者：玛姬·欧法洛（长篇小说）

《迷失的女儿》(*The Lost Daughter*)，作者：埃莱娜·费兰特（长篇小说）

非虚构类

《成为母亲：一位知识女性的自白》，作者：蕾切尔·卡斯克（回忆录）

《去情绪化管教：帮助孩子养成高情商有教养的大脑》(*The Whole-Brain Child: 12 Revolutionary Strategies to Nurture Your Child's Developing Mind*)，作者：丹尼尔·西格尔（Daniel J. Siegel）和蒂娜·佩妮·布莱森（Tina Payne Bryson）（心理学）

《如何说少年才会听，怎么听少年才肯说》(*How to Talk So Kids Will Listen & Listen So Kids Will Talk*)，作者：阿黛尔·法伯（Adele Faber）和伊莱恩·玛兹丽施（Elaine Mazlish）（心理学）

《真希望我父母读过这本书：你的孩子也会庆幸你读过》[*The*

Book You Wish Your Parents Had Read (and Your Children Will Be Glad That You Did)],作者:菲利帕·佩里(Philippa Perry)(心理学)

《如何说孩子才能和平相处》(*Siblings Without Rivalry: How to Help Your Children Live Together So You Can Live Too*),作者:阿黛尔·法伯和伊莱恩·玛兹丽施(心理学)

《介于其间:8~13岁孩子的家长指南》(*Between: A Guide for Parents of Eight to Thirteen-Year-Olds*),作者:萨拉·奥克威尔-史密斯(Sarah Ockwell-Smith)(育儿)

《养育男孩》(*Raising Boys in the 21st Century*),作者:史蒂夫·比达尔夫(Steve Biddulph)(心理学)

《每个孩子都需要被看见》(*Hold on to Your Kids: Why Parents Need to Matter More Than Peers*),作者:加博尔·马泰(Gabor Maté)和戈登·诺伊费尔德(Gordon Neufeld)(育儿,心理学)

《不成熟的父母》(*Adult Children of Emotionally Immature Parents: How to Heal from Distant, Rejecting, or Self-Involved Parents*),作者:琳赛·吉布森(Lindsay C. Gibson)(心理学)

《母爱决定命运:爱如何塑型婴儿的大脑》(*Why Love Matters: How Affection Shapes a Baby's Brain*),作者:S.格哈特(Sue Gerhardt)(心理学)

《重要的对话：与儿童和青少年以有效方式交谈》（*Conversations That Matter: Talking with Children and Teenagers in Ways That Help*），作者：玛戈特·桑德兰（Margot Sunderland）（心理学）

《倾力之爱：与青春期子女相处的五种智慧》（*The 5 Love Languages of Teenagers: The Secret to Loving Teens Effectively*），作者：盖瑞·查普曼（育儿）

《发掘敏感孩子的力量：献给敏感的孩子及其父母》（*The Highly Sensitive Child: Helping Our Children Thrive when the World Overwhelms Them*），作者：伊莱恩·阿伦（Elaine N. Aron）（心理学）

《养育注意缺陷多动障碍儿童：成功的育儿策略》（*Parenting Children with ADHD: Successful Parenting Strategies to Handle and Calm Down a Hyperactive Child*），作者：安柏·佩里（Amber Perry）（心理学，育儿）

《永不放手：如何陪伴孩子度过心理疾病》（*Never Let Go: How to Parent Your Child Through Mental Illness*），作者：苏珊娜·奥尔德森（Suzanne Alderson）（心理学）

《与成年子女共同生活》（*Doing Life with Your Adult Children: Keep Your Mouth Shut and the Welcome Mat Out*），作者：吉姆·博恩斯（Jim Burns）（心理学）

《自闭症：如何养育一个快乐的自闭症儿童》（*Autism: How*

to Raise a Happy Autistic Child),作者:杰西·休伊森(Jessie Hewitson)(心理学)

《与阅读障碍共处:家长支持孩子的指南》(*At Home with Dyslexia: A Parent's Guide to Supporting Your Child*),作者:萨沙·鲁斯(Sascha Roos)(育儿)

《10后孩子的养育法则》(*Parenting the New Teen in the Age of Anxiety*),作者:约翰·达菲(John Duffy)(心理学)

诗歌

《没人告诉我:关于诗歌与为人父母的那些事》(*Nobody Told Me: Poetry and Parenthood*),作者:霍莉·麦克尼什(Hollie McNish)(诗歌集)

悲观主义(Pessimism)

持有一种消极或忧郁的态度,无法看到生活光明的一面或抓住身边的机会,可能让我们感到无望和怀疑。然而,在适当的支持和干预下,我们可以培养更积极的生活态度,并改善整体心理健康。以下是一些我推荐的可以为这一过程提供帮助的书。

虚构类

《长夜行》(*Voyage au bout de la nuit*),作者:路易-费迪

南·塞利纳(Louis-Ferdinand Céline)(长篇小说)

《局外人》(*The Stranger*),作者:阿尔贝·加缪(Albert Camus)(长篇小说)

非虚构类

《在绝望之巅》(*Sur les cimes du désespoir*),作者:E.M. 齐奥朗(E. M. Cioran)(哲学)

《解体概要》(*Précis de décomposition*),作者:E.M. 齐奥朗(哲学)

诗歌类

《歌集》(*Canti*),作者:贾科莫·莱奥帕尔迪(Giacomo Leopardi)(诗歌集)

积极思维(Positive Thinking)

"积极思维"这一短语常引发不同的反应:它是一种有益的实践,可以激发动力并提升幸福感,但也可能伪装成对负面问题的否认和回避。总体而言,这是一种促进个人成长和发展的有用工具,能够增强韧性并改善整体幸福感。以下小说和哲学作品在提倡积极思维和探讨生活中的苦恼之间找到了恰当的平衡。

虚构类

《牧羊少年奇幻之旅》(*The Alchemist*),作者:保罗·科埃略(长篇小说)

《我遇见了人类》(*The Humans*),作者:马特·海格(长篇小说)

非虚构类

《拥抱逝水年华:普鲁斯特如何改变你的人生》(*How Proust Can Change Your Life*),作者:阿兰·德波顿(哲学)

《格局的力量》(*As a Man Thinketh*),作者:詹姆斯·艾伦(James Allen)(哲学)

拖延症(Procrastination)

要理解我们为何会拖延,重要的是探究其根本原因。拖延可能有各种各样的原因,包括对失败的恐惧、追求完美结果的欲望、分心、缺乏动力以及时间管理能力差。理解拖延症的原因可以更容易地帮助我们摆脱它,以下非虚构作品有助于识别并解决拖延症。

非虚构类

《深度工作:如何有效使用每一点脑力》,作者:卡尔·纽波特(自我成长)

《掌控习惯：如何养成好习惯并戒除坏习惯》，作者：詹姆斯·克利尔（自我成长）

《吃掉那只青蛙：拒绝穷忙，把时间留给最重要的事》（*Eat That Frog! : 21 Great Ways to Stop Procrastinating and Get More Done in Less Time*），作者：博恩·崔西（Brian Tracy）（自我成长）

后悔（Regret）

关上的门、未选择的路、错失的机会——这些事情常常成为我们肩上的重担。然而，我们必须记住，后悔是一种自然情况，如果想要减轻它，我们需要正视并感受它。自我关怀、道德支持以及学会放下，都是缓解后悔情绪的方法。以下小说和自助类作品展示了他人关于如何应对后悔、换位思考以及放下过去的积极策略，我们可以向前迈进，以更积极的心态和全新的热情面对未来。

虚构类

《午夜图书馆》（*The Midnight Library*），作者：马特·海格（长篇小说）

《长日留痕》（*The Remains of the Day*），作者：石黑一雄（Kazuo Ishiguro）（长篇小说）

《浪潮王子》（*The Prince of Tides*），作者：帕特·康罗伊（Pat Conroy）（长篇小说）

《生日后的世界》（*The Post-Birthday World*），作者：莱昂内尔·施赖弗（Lionel Shriver）（长篇小说）

非虚构类

《放下的力量：如何丢掉一切束缚你的东西》（*The Power of*

Letting Go: How to Drop Everything That's Holding You Back),作者:约翰·普尔基斯(John Purkiss)(自助)

《先问!再决定:逆转人生的5个提问》(Better Decisions, Fewer Regrets: 5 Questions to Help You Determine Your Next Move),作者:安迪·斯坦利(Andy Stanley)(自助)

《撼动力》(The Power of Regret: How Looking Backward Moves Us Forward),作者:丹尼尔·平克(自助)

怨恨(Resentment)

如果你曾感到被背叛、被不公平对待、被忽视,或者你的期望未被满足,那么感到怨恨是自然的。阅读他人关于怨恨和愤怒的故事可以带来一种让人平静的效果,也许是因为我们感到被理解,并且自己的愤怒和怨恨得到了认同。以下是一些小说和自助类作品,可以帮助你处理怨恨的情绪。

虚构类

《巴尔扎克与小裁缝》(Balzac and the Little Chinese Seamstress),作者:戴思杰(Dai Sijie)(长篇小说)

《黄色墙纸》(The Yellow Wallpaper),作者:夏洛特·珀金斯·吉尔曼(Charlotte Perkins Gilman)(长篇小说)

非虚构类

《候鸟》(*Birds of Passage*),作者:迪内·维瑟利茨(Denae Veselits)(回忆录)

《宽恕的自我:从怨恨到连接之路》(*The Forgiving Self: The Road from Resentment to Connection*),作者:罗伯特·卡伦(Robert Karen)(自助)

《宽恕的礼物:从不可原谅中走出的感人故事》(*The Gift of Forgiveness: Inspiring Stories from Those Who Have Overcome the Unforgivable*),作者:凯瑟琳·施瓦辛格·普拉特(Katherine Schwarzenegger Pratt)(故事与访谈)

焦躁不安(Resentment)

焦躁不安可能由多种因素引发:来自产出成果的压力、对取得更多成就的欲望、设定更多目标的冲动。下面这些书可以帮助我们找到那种无法言喻的"休息"状态,让我们不再被迫不断忙碌。

虚构类

《我想睡上一整年》(*My Year of Rest and Relaxation*),作者:奥特莎·莫什费格(长篇小说)

非虚构类

《如何"无所事事":一种对注意力经济的抵抗》(*How to Do Nothing: Resisting the Attention Economy*),作者:珍妮·奥德尔(Jenny Odell)(自助)

《冬日将近》(*Wintering*),作者:凯瑟琳·梅(Katherine May)(回忆录)

秘密（Secrets）

我们隐藏秘密的原因有很多，有时是为了保护自己或他人免受污名的影响，有时则是为了避免羞辱或社会排斥。秘密带来的负担可能萦绕心头，带来焦虑、压力、内疚或羞愧，从而对心理健康产生负面影响。如果你正背负着一个秘密并犹豫是否该透露它，以下小说和非虚构类作品可能会带来启发。

虚构类

《秘密人生》（*Secret Lives*），作者：黛安娜·夏伯兰（Diane Chamberlain）（长篇小说）

《消失的艾斯蜜》（*The Vanishing Act of Esme Lennox*），作者：玛姬·欧法洛（长篇小说）

非虚构类

《遗传：一个关于家谱、父爱与爱的回忆录》（*Inheritance: A Memoir of Genealogy, Paternity and Love*），作者：丹妮·夏彼洛（Dani Shapiro）（回忆录）

《守密：秘密心理学的第一本书！那些藏着不说的，如何影响你的健康和未来》（*The Secret Life of Secrets: How Our Inner Worlds Shape Well-Being, Relationships, and Who We Are*），作者：迈克尔·斯莱皮恩（Michael Slepian）（心理学）

自尊（Self-esteem）

自尊问题是许多关于心理健康的讨论中的核心议题之一。然而，许多人仍然在低自尊、自我怀疑和无价值感中挣扎。好消息是，我们可以通过阅读培养健康的自尊心，以下是一些或许能够帮助你实现这一目标的作品。

虚构类

《幸福结局的守护者》（*The Keeper of Happy Endings*），作者：芭芭拉·戴维斯（Barbara Davis）（长篇小说）

《幸运清单》（*The Lucky List*），作者：雷切尔·利平科特（Rachael Lippincott）（长篇小说）

《如星星般闪耀》（*Sparks Like Stars*），作者：纳迪娅·哈希姆（Nadia Hashimi）（长篇小说）

非虚构类

《独自一人的美好时光：贫民花之如何相信你已经足够》（*What a Time to Be Alone: The Slumflower's Guide to Why You Are Already Enough*），作者：奇德拉·艾格鲁（Chidera Eggerue）（自助）

《治愈你的情感自我》（*Healing Your Emotional Self*），作者：贝弗利·恩格尔（Beverley Engel）（自助）

《自爱的实验：让自己更友善、更有同理心与接纳自己的15个原则》（*The Self-Love Experiment: 15 Principles for Becoming*

More Kind, Compassionate and Accepting of Yourself),作者：香农·凯泽（Shannon Kaiser）（个人成长）

《脆弱的力量》(*The Gifts of Imperfection: Let Go of Who You Think You're Supposed to Be and Embrace Who You Are*)，作者：布琳·布朗（自助）

《通往心灵自由之路：驱散人生迷雾的四个约定》(*The Four Agreements: A Practical Guide to Personal Freedom*)，作者：堂·米格尔·路易兹（Don Miguel Ruiz）（个人成长）

《你很棒：如何克服自我怀疑并活出精彩人生》(*You Are a Badass: How to Stop Doubting Your Greatness and Start Living an Awesome Life*)，作者：珍·欣塞罗（Jen Sincero）（自助）

《生命的重建》，作者：露易丝·海（自助）

诗歌类

《自爱诗歌：给思考者与感受者》(*Self-Love Poetry: For Thinkers & Feelers*)，作者：梅洛迪·戈弗雷德（Melody Godfred）（诗歌集）

羞耻（Shame）

当我们觉得自己做错了事或做了不被社会认可和接受的事时，感到羞耻是正常的。实际上，这种羞耻感可能是健康的。然而，当羞耻感持续存在时，它会让我们长期感到不满足，认为自己没有价值和焦虑，并面临社会排斥的风险。这种有毒的羞耻感可能导致抑郁或低自尊。以下是一些我推荐的帮助你处理羞耻感的书。

虚构类

《羞耻》(Shame)，作者：萨尔曼·拉什迪 (Salman Rushdie)（长篇小说）

《血中的羞耻》(Shame in the Blood)，作者：三浦哲郎 (Tetsuo Miura)（长篇小说）

非虚构类

《不成形》(Unbecoming)，作者：埃里克·迈克尔斯 (Eric Michaels)（回忆录）

《超越自卑》(I Thought It Was Just Me: Women Reclaiming Power and Courage in a Culture of Shame)，作者：布琳·布朗（自助）

《治愈束缚你的羞耻感》(Healing the Shame That Binds You)，作者：约翰·布雷萧 (John Bradshaw)（心理学）

《羞耻的多面性》(The Many Faces of Shame)，作者：唐纳德·内桑森 (Donald Nathanson)（心理学）

诗歌类

《羞耻与失败的日子》(Days of Shame & Failure)，作者：珍妮弗·L. 诺克斯 (Jennifer L. Knox)（诗歌集）

死亡恐惧症(Thanatophobia)

死亡恐惧症可能令人感到压倒性的不安,尤其当我们因失去(或预计失去)亲人或健康问题而接触到死亡时。有时,它可能仅仅表现为强迫性的想法,引发对死亡的强烈恐惧。以下列出的虚构类作品帮助我们探索与死亡相关的情感,而非虚构类作品则能提供关于死亡的不同视角,从世界各地的丧葬文化到心理治疗师给出的关于如何接受死亡的方法。

虚构类

《弗兰肯斯坦》(*Frankenstein*),作者:玛丽·雪莱(Mary Shelley)(长篇小说)

《记住死亡》(*Memento Mori*),作者:缪丽尔·斯帕克(Muriel Spark)(长篇小说)

《这个房间里的每个人都会死》(*Everyone in This Room Will Someday Be Dead*),作者:埃米莉·奥斯汀(Emily Austin)(长篇小说)

非虚构类

《从此刻到永恒:一场身后事的探索之旅,重新叩问生命的意义》(*From Here to Eternity: Travelling the World to Find the Good Death*),作者:凯特琳·道蒂(Caitlin Doughty)(人类学)

《不安的智慧》(*The Wisdom of Insecurity: A Message for an Age of Anxiety*),作者:阿伦·瓦兹(Alan Watts)(哲学,心理学)

《直视骄阳:征服死亡恐惧》(*Staring at the Sun: Being at Peace with Your Own Mortality*),作者:欧文·亚隆(Irvin Yalom)(哲学,心理学)

《死亡否认》(*The Denial of Death*),作者:厄内斯特·贝克尔(Ernest Becker)(哲学、心理学)

《在我告别之前》(*Dying*),作者:科里·泰勒(Cory Taylor)(回忆录)

创伤(Trauma)

创伤是人类的一种深刻的经历,常伴随着强烈的情绪反应。它可能与令人痛苦的事件或经历相关,如事故、自然灾害、虐待或暴力等。我们的安全感、幸福感和正常运作的能力可能因此受到威胁,引发一系列身体、情绪和心理症状,包括焦虑、创伤后应激障碍、解离以及闪回等。创伤在文学中被广泛呈现,从小说到回忆录,从神经科学和心理学书籍到自助类书籍,甚至诗歌,都对创伤有所涉及。

虚构类

《渺小一生》,作者:柳原汉雅(长篇小说)

《宠儿》，作者：托妮·莫里森（长篇小说）

《微物之神》，作者：阿兰达蒂·洛伊（长篇小说）

《伊甸园》（*Eden*），作者：安德烈亚·克莱因（Andrea Klein）（长篇小说）

《群山在歌唱》（*The Mountains Sing*），作者：阮芳桂梅（Nguyễn Phan Quế Mai）（长篇小说）

《创伤后应激障碍》，作者：纪尧姆·辛格林（图画小说）

非虚构类

《身体从未忘记》，作者：巴塞尔·范德考克（心理学）

《羞耻的多面性》，作者：唐纳德·内桑森（心理学）

《这不是你的错：海灵格家庭创伤疗愈之道》（*It Didn't Start with You: How Inherited Family Trauma Shapes Who We Are and How to End the Cycle*），作者：马克·沃林恩（Mark Wolynn）（心理学）

《深井效应：医学领域突破性发现，童年经历如何影响未来身体健康》（*The Deepest Well: Healing the Long-Term Effects of Childhood Adversity*），作者：娜丁·伯克·哈里斯（Nadine Burke Harris）（心理学）

《我祖母的双手：种族化创伤与治愈心灵与身体的路径》

(*My Grandmother's Hands: Racialized Trauma and the Pathway to Mending Our Hearts and Bodies*),作者:雷斯玛·梅内凯姆(Resmaa Menakem)(心理学,社会学)

《鼠族》,作者:阿特·斯皮格曼(图画小说,传记)

诗歌类

《冬之鸟》(*Bird of Winter*),作者:艾丽丝·希勒(Alice Hiller)(诗歌集)

失业（Unemployment）

如果你正在经历失业，你可能会面临各种挑战，包括经济压力、失去目标或身份认同感、以及孤立或自我否定的感受。请记住，失业只是暂时的状况，有许多资源和支持可以帮助你渡过难关。下面这些书可以帮助我们应对失业带来的情感压力。

虚构类

《被迫裁员电影俱乐部》（*The Forced Redundancy Film Club*），作者：布赖恩·芬尼根（Brian Finnegan）（长篇小说）

《临时工》（*Temporary*），作者：希拉里·莱希特尔（Hilary Leichter）（长篇小说）

《内战乐园的衰败》（*CivilWarLand in Bad Decline*），作者：乔治·桑德斯（George Saunders）（短篇小说集与中篇小说）

非虚构类

《以太阳为指南针：鸟类学家的阿拉斯加荒野纪行》（*The Sun is a Compass*），作者：卡罗琳·范·赫默特（Caroline Van Hemert）（回忆录）

《然后我被解雇了：一个跨性别酷儿对悲伤、失业和不合时宜的死亡笑话的反思》（*And Then I Got Fired: One Transqueer's*

Reflections on Grief, Unemployment & Inappropriate Jokes About Death*),作者:J. 梅斯三世(J Mase Ⅲ)(回忆录)

《为什么失业可能是你遇到过的最好事:裁员后的五个简单步骤》(*Why Losing Your Job Could be the Best Thing That Ever Happened to You: Five Simple Steps to Thrive after Redundancy*),作者:埃莉诺·特威德尔(Eleanor Tweddell)(自助)

《选择有灵魂的工作》[*How to Find Fulfilling Work*(*School of Life*)],作者:罗曼·克兹纳里奇(自助)

《第二座山:为生命找到意义》,作者:戴维·布鲁克斯(哲学)

《你的创意职业》(*Your Creative Career*),作者:安娜·萨比诺(Anna Sabino)(个人成长)

《障碍是道路》(*The Obstacle is the Way: The Timeless Art of Turning Trials into Triumph*),作者:瑞安·霍利迪(个人发展)

智慧（Wisdom）

这里的智慧指通过生活经验获得的知识与直觉，它们能够帮助我们用充满"清晰度"和目标感的方式应对生活中的挑战与复杂性。智慧涵盖了一系列品质，例如自我意识、情绪智力、同情心和韧性。这些品质可以通过个人成长、教育以及接触多样化的视角来培养。智慧常常需要我们从错误与失败中学习，培养有意义的关系，探索全新的经历，并进行自我反思与内省。下面列出的书包括古代哲学著作、小说、诗歌以及现代哲学与心理学作品，帮助我们感悟生活中的智慧。

虚构类

《塞莱斯廷预言》（*The Celestine Prophecy*），作者：詹姆斯·莱德菲尔德（James Redfield）（长篇小说）

《小王子》（*The Little Prince*），作者：安托万·德·圣埃克苏佩里（Antoine de Saint-Exupéry）（中篇小说）

《生命中不能承受之轻》（*The Unbearable Lightness of Being*），作者：米兰·昆德拉（长篇小说）

《伊甸之东》（*East of Eden*），作者：约翰·斯坦贝克（长篇小说）

《地海巫师》（*A Wizard of Earthsea*），作者：厄休拉·勒奎恩（Ursula K. Le Guin）（长篇小说）

《卡拉马佐夫兄弟》(*The Brothers Karamazov*)，作者：陀思妥耶夫斯基（Fyodor Dostoevsky）（长篇小说）

《悉达多》(*Siddhartha*)，作者：赫尔曼·黑塞（Hermann Hesse）（长篇小说）

非虚构类

《乞丐国王的时光指环》(*The Beggar King and the Secret of Happiness*)，作者：乔尔·班·伊齐（Joel Ben Izzy）（回忆录）

《活出生命的意义》，作者：维克多·弗兰克尔（哲学）

《爱情刽子手：存在主义心理治疗的 10 个故事》(*Love's Executioner & Other Tales of Psychotherapy*)，作者：欧文·D. 亚隆（心理学）

《少有人走的路：心智成熟的旅程》(*The Road Less Travelled*)，作者：M. 斯科特·派克（M. Scott Peck）（心理学，哲学）

《神话修辞术》(*Mythologies*)，作者：罗兰·巴特（Roland Barthes）（随笔集）

《这是水：生活中平淡无奇又十分重要之事》(*This is Water: Some Thoughts, Delivered on a Significant Occasion, about Living a Compassionate Life*)，作者：大卫·福斯特·华莱士（David Foster Wallace）（哲学）

《四千周》,作者:奥利弗·伯克曼(哲学,个人成长)

《神话的力量:在诸神与英雄的世界中发现自我》(*The Power of Myth*),作者:约瑟夫·坎贝尔(哲学,神话学)

诗歌类

《先知:纪伯伦散文诗选》(*The Prophet*),作者:纪伯伦(Kahlil Gibran)(诗歌集)

X 仇外心理（Xenophobia）

仇外心理是一种对被认为与自己不同（尤其是在国籍、种族或文化背景方面的不同）的人的恐惧。这是一种后天习得的行为，但可以通过学习和反思加以克服。应对仇外心理的其中一种方法是教育自己，了解不同的文化和生活方式，从而欣赏人与人之间的差异。下面这些书提供了关于多元化视角与经验的洞见。此外，寻求专业人士的帮助也有助于识别仇外心理背后的深层原因。

虚构类

《常驻兔子》（*The Constant Rabbit*），作者：贾斯泼·福德（Jasper Fforde）（长篇小说）

《动物农场》（*Animal Farm*），作者：乔治·奥威尔（George Orwell）（长篇小说）

《一片汪洋的大海》（*A Very Large Expanse of Sea*），作者：塔赫瑞·马菲（Tahereh Mafi）（长篇小说）

《我们失踪的心》（*Our Missing Hearts*），作者：伍绮诗（长篇小说）

非虚构类

《美国不平等的起源》（*Caste: The Origins of Our Discontents*），

作者：伊莎贝尔·威尔克森（Isabel Wilkerson）（社会学，历史）

《墙病：与边境为邻的心理代价》（*Wall Disease: The Psychological Toll of Living Up Against a Border*），作者：杰西卡·瓦普纳（Jessica Wapner）（心理学，政治）

《无意识偏见：影响你判断和行动的秘密》（*The Leader's Guide to Unconscious Bias: How to Reframe Bias, Cultivate Connection, and Create High-Performing Teams*），作者：帕梅拉·富勒（Pamela Fuller）（领导力，社会心理学）

《他者的起源》（*The Origin of Others*），作者：托妮·莫里森（社会心理学）

Y 渴望（Yearning）

我们每个人或多或少都经历过渴望，那是一种深刻的向往或渴求，指向某种缺失或难以企及的事物。这种感受常伴随着空虚、悲伤或未满足感，可能源于失去、分离或单相思。渴望可能表现为强烈的愿望，希望与某个已经不在的人或某种已经逝去的事物重新相逢。这种情感有时会导致不安、烦躁，甚至被那个所渴望的人或情境占据心神。为了探索你的渴望情感，你可以沉浸在以下这些与渴望相关的故事中，你或许会惊讶于自己竟然能与其中的主人公产生无比深刻的共鸣。

虚构类

《时间旅行者的妻子》（*The Time Traveler's Wife*），作者：奥德丽·尼芬格（Audrey Niffenegger）（长篇小说）

《艾笛的永生契约》（*The Invisible Life of Addie LaRue*），作者：V. E. 施瓦布（V. E. Schwab）（长篇小说）

《艾莉诺好极了》，作者：盖尔·霍尼曼（长篇小说）

《莫斯科绅士》（*A Gentleman in Moscow*），作者：埃默·托尔斯（Amor Towles）（长篇小说）

非虚构类

《苦乐参半》（*Bittersweet: How Sorrow and Longing Make Us Whole*），作者：苏珊·凯恩（Susan Cain）（哲学）

致谢

我首先要感谢的是我的来访者们。你们愿意与我共同努力,讲述自己的故事和经历,并在我们的咨询中对我寄予信任,这不仅极大地丰富了我的专业经验,也对我的实践与成长起到了关键的推动作用。我深深感谢你们每一个人。

感谢每一位曾与我相遇的治疗师,你们的每一份付出都深深触动了我,无论是短暂的交流还是长期的陪伴,你们的敬业精神让我深受启发,促使我投身于阅读疗法的探索中,去探索文字如何深刻影响我们的身心健康。

特别感谢我的文学经纪人Kizzy Thomson、特约编辑Bernadette Marron,以及Piatkus出版社的团队,是你们给了我这个向全世界揭示阅读的疗愈力的机会,共同促成了这本书的诞生。

献给我的丈夫Amit,感谢你始终如一地信任我,给予我无尽的支持与爱意。我对你富有深度的见解、创意以及耐心满怀感激,同时感谢你多次为我审阅文字,你的坦诚与反馈对我而言意义重大，推动我不断前行。

我亲爱的孩子，Arianna 和 Roshan，你们的热情、好奇和对我的支持是我在创作这本书时的强大动力。Arianna，你放在我桌上的那些充满爱意的小字条，在写作过程中为我带来了力量和决心。Roshan，你那无穷无尽的好奇心和一连串的问题，让我一页接一页地写个不停。有你们在我的生命中，我是无比幸运的。

敬我亲爱的父母，Kirti 和 Dilip，是你们在我心中种下了阅读的种子。对于你们给予我的机会和所做出的牺牲，我永远感激不尽。这些年来，你们始终如一的支持、无尽的温柔和无条件的爱，一直是我勇往直前的力量源泉。

感谢我的公公婆婆，Urmi 和 Kantilal，以及我的嫂子 Roma，你们的支持和慷慨让我深受感动，感谢你们总是在我需要帮助时及时出现。感谢你们在这段创作历程中的陪伴。你们的善良对我来说是无比珍贵的。

我非常感谢我的朋友们，Trushar、Artemis 和 Ching Ching，感谢你们一直支持我、相信我。你们的每一个反馈、每一份赞赏和每一次鼓励，我都铭记在心。

最后，我要向遍布全球的读者表达我的感激，你们在书籍的海洋中找到了慰藉、力量和新生。你们对文字的热爱彰显了阅读的神奇力量。愿你们在文学的旅途中不断受到启发，获得疗愈。

注释

1. Freud, S. (1908). 'Creative writers and day-dreaming'. *The Standard Edition of the Complete Psychological Works of Sigmund Freud, Volume IX (1906–1908): Jensen's 'Gradiva' and Other Works*, 141–153.
2. Crocq, M. A., Crocq, L. (2000). 'From shell shock and war neurosis to post-traumatic stress disorder: a history of psychotraumatology'. *Dialogues in Clinical Neuroscience*, 2(1):47–55. Epizelus' story is believed to be one of the first recorded suggestions of PTSD in ancient civilisation. *See*: Hacker Hughes, J., Abdul-Hamid, W. K. (2014). 'Nothing new under the sun: post-traumatic stress disorders in the ancient world'. *Early Science and Medicine*, 19(6):549–57.
3. McCulliss, D. (2012). 'Bibliotherapy: Historical and research perspectives'. *Journal of Poetry Therapy*, 25(1), 23–38.
4. Green, K. (2020). *Rethinking Therapeutic Reading: Lessons from Seneca, Montaigne, Wordsworth and George Eliot*. Anthem Press.
5. Ross, W. D. (trans). (2009). *Aristotle's Nicomachean Ethics*. Oxford University Press.
6. de Montaigne, Michel. (1958). *The Complete Essays of Montaigne*. Translated by Donald M. Frame. Stanford University Press.
7. Rotenberg, C. (2023). 'George Eliot – Proto-Psychoanalyst'. *PSYART: A Hyperlink Journal for the Psychological Study of the Arts*.

8. Jones, E. (1953). *The Life and Work of Sigmund Freud.* Vol. 1. New York: Basic Books.
9. Freud, S. (1953). *Interpretation of Dreams.* Translated by James Strachey.
10. Freud, S. (1920). *Introductory Lectures on Psychoanalysis.* Translated by G. Stanley Hall.
11. Freud, S. (1908). 'Creative writers and day-dreaming'. *The Standard Edition of the Complete Psychological Works of Sigmund Freud, Volume IX (1906–1908): Jensen's 'Gradiva' and Other Works*, 141–153.
12. Levin, L., Gildea, R. (2013). 'Bibliotherapy: tracing the roots of a moral therapy movement in the United States from the early nineteenth century to the present'. *Journal of the Medical Library Association*, 101(2):89–91.
13. Brewster, E. (2007). 'Medicine for the Soul: Bibliotherapy and the Public Library'. Master's thesis, University of Sheffield, 75.
14. Galt, J. M. (1853). 'On the reading, recreation, and amusements of the insane'. *Journal of Psychological Medicine and Mental Pathology*, 6(24): 581–9.
15. Galt, J. M. (1846). *The Treatment of Insanity.* New York, NY: Harper & Brothers, 566; Galt, J. M. (1843). 'Report of the physician and superintendent of the Eastern Lunatic Asylum'. Williamsburg, VA: Eastern Lunatic Asylum, 26; Rush, B. (1830). *Medical Inquiries and Observations Upon the Diseases of the Mind.* Hard Press.
16. Jones, E. K. (1913). *A Thousand Books for the Hospital Library.* American Library Association.
17. American Library Association. (February 1939). 'A National Plan for Libraries as Revised and Adopted by the ALA Council, December 29, 1938'. *ALA Bulletin*, 33(2): 145.
18. Dufour, M. (2014). 'Reading for Health: Bibliotherapy and the Medicalized Humanities in the United States, 1930–1965'.

D. Phil dissertation, Virginia Polytechnic Institute and State University.
19. Gubert, B. K. (1993). 'Sadie Peterson Delaney: Pioneer Bibliotherapist'. *American Libraries*, 24(2): 124–130.
20. Shrodes C. (1960). 'Bibliotherapy: An Application of Psychoanalytic Theory'. *American Imago*, 17(3): 311–319.
21. Sabine, G., and Sabine, P. (1983). *Books That Made the Difference.* Hamden, CN: Library Professional Publications.
22. Djikic, M., *et al.* (2009). 'On Being Moved by Art: How Reading Fiction Transforms the Self'. *Creativity Research Journal*, 21(1): 24–9.
23. Shrodes, C. (1955). 'Bibliotherapy'. *The Reading Teacher,* 9(1): 24–29. See also: Shrodes, C. (1961). 'The Dynamics of Reading: Implications for Bibliotherapy'. *ETC: A Review of General Semantics*, 18(1):21–33.
24. Ibid. 18(1):25.
25. Kaufman, G., and Libby, L. (2012). 'Changing Beliefs and Behavior Through Experience-Taking'. *Journal of Personality and Social Psychology*, 103(1):1–19.
26. Djikic, M., Oatley, K., Zoeterman, S., and Peterson, J. B. (2009). 'Defenseless against art? Impact of reading fiction on emotion in avoidantly attached individuals'. *Journal of Research in Personality*, 43(1): 14–17.
27. Baikie, K., and Wilhelm, K. (2005). 'Emotional and physical health benefits of expressive writing'. *Advances in Psychiatric Treatment,* 11(5): 338–346.
28. Sawhney, N., *et al.* (2018). 'Audio-journaling for self-reflection and assessment among teens in participatory media programs'. *Proceedings of the 17th ACM Conference on Interaction Design and Children.*
29. Sherman, D. (2013). 'Self-Affirmation: Understanding the Effects'. *Social and Personality Psychology Compass* 7(11).

30. Fox, G., *et al.* (2015). 'Neural correlates of gratitude'. *Frontiers in Psychology Journal*, 6. Sec. Emotional Science.
31. Hazlett, L.I., Moieni, M., Irwin, M. R., Byrne Haltom, K. E., Jevtic, I., Meyer, M. L., Breen, E. C., Cole, S. W., Eisenberger, N. I. (2021). 'Exploring neural mechanisms of the health benefits of gratitude in women: A randomized controlled trial', *Brain, Behavior, and Immunity*, 95: 444–453.
32. Fox, G., *et al.* (2015). 'Neural correlates of gratitude'. *Frontiers in Psychology Journal*, 6. Sec. Emotional Science.
33. *Is The Man Who is Tall Happy?: An Animated Conversation with Noam Chomsky* (2013). Directed by Michel Gondry.
34. Zak P. J. (2015). 'Why inspiring stories make us react: the neuroscience of narrative'. *Cerebrum*, 2.
35. Schacter, D. L., Addis, D. R., and Buckner, R. L. (2008). 'Episodic simulation of future events: concepts, data, and applications'. *Annals of the New York Academy of Sciences*, 1124: 39–60.
36. Kleim, B., Graham, B., Fihosy, S., Stott, R., and Ehlers, A. (2014). 'Reduced Specificity in Episodic Future Thinking in Posttraumatic Stress Disorder'. *Clinical Psychological Science*, 2(2): 165–73.
37. Erten, M. N., and Brown, A. D. (2018). 'Memory Specificity Training for Depression and Posttraumatic Stress Disorder: A Promising Therapeutic Intervention'. *Frontiers in Psychology*, 9: 419.
38. Sumner, J. (2012). 'The mechanisms underlying overgeneral autobiographical memory: an evaluative review of evidence for the CaR-FA-X model'. *Clinical Psychology Review*, 32(1): 34–48.
39. Frith, C. D., and Frith, U. (2006). 'The neural basis of mentalizing'. *Neuron*, 50(4), 531–4; and Caracciolo, M. (2014). 'Beyond other minds: Fictional characters, mental simulation, and "unnatural" experiences'. *Journal of Narrative Theory*, 44(1), 29–53.

40. Kidd, D. C., and Castano, E. (2013). 'Reading literary fiction improves theory of mind'. *Science*, 342(6156): 377–80.
41. Berns, G. (2022). *The Self-Delusion: The New Neuroscience of How We Invent – and Reinvent – Our Identities.* Basic Books.
42. Berns, G., Blaine, K, Prietula, M. and Pye, B. 'Short- and Long-Term Effects of a Novel on Connectivity in the Brain'. *Brain Connectivity*, 2013; 3 (6): 590.
43. Sabin, R. (1996). *Comics, Comix & Graphic Novels.* Phaidon.
44. Green, M. and Myers, K. (2010). 'Graphic medicine: Use of comics in medical education and patient care'. *BMJ (Clinical research ed.)*, 340.
45. Hourani, L., *et al.* (2017). 'Graphic Novels: A New Stress Mitigation Tool for Military Training: Developing Content for Hard-to-Reach Audiences'. *Health Communication*, 32(5): 541–9; Carlton, N. (2018). 'Illustrating stories: Using graphic novels in art therapy research and practice'. *Psychology's New Design Science and the Reflective Practitioner*, eds S. Imholz and J. Sachter. Riverbend; Czerwiec, M. K., *et al.* (2015). *Graphic Medicine Manifesto.* Penn State University Press; Mulholland, M. (2004). 'Comics as Art Therapy'. *Art Therapy*, 21(1): 42–3.
46. Farthing, A. and Priego, E. (2016). '"Graphic Medicine" as a Mental Health Information Resource: Insights from Comics Producers'. *The Comics Grid: Journal of Comics Scholarship*, 6(1): 3.
47. Charon, R. (2005). 'Narrative Medicine: Attention, Representation, Affiliation'. *Narrative*, 13(3): 261–270.
48. Forsyth, M. (2013). *The Unknown Unknown: Bookshops and the Delight of Not Getting What You Wanted.* Icon Books Ltd.
49. McGurl, M. (2021). *Everything & Less: The Novel in the Age of Amazon.* Verso.
50. Klein, G., Calderwood, R. and Clinton-Cirocco, A. (2010). 'Rapid Decision Making on the Fire Ground: The Original

Study Plus a Postscript', *Journal of Cognitive Engineering and Decision Making*, 4(3): 186–209.

51. Dane, E., and Pratt M. G. (2000). 'Conceptualizing and measuring intuition: A review of recent trends'. *Academy of Management Annals*, 3(1): 1–38.
52. Lally, P., *et al.* (2009). 'How are habits formed: Modelling habit formation in the real world'. *European Journal of Social Psychology*, 40(6): 998–1009.
53. Lewis, D. (2009). Galaxy Stress Research. Mindlab International, Sussex University, UK.
54. Berthoud, E., and Elderkin, S. (2013). *The Novel Cure: An A-Z of Literary Remedies*. Edinburgh and London: Canongate Books.